普通高等教育"十三五"应用型人才培养规划教材

概率论与数理统计

主 编 廖 飞
参 编 谢 威 马 妍 褚文杰
主 审 王 岚

机械工业出版社

本书是按照新形势下教材改革的精神,并结合概率论与数理统计课程教学的基本要求,在作者多年的教学实践经验和教学改革成果的基础上编写而成的.

本书结构严谨,内容深度和广度适当,贴近教学实际,便于教与学.本书内容包括随机事件及其概率、随机变量及其分布、多维随机变量及其分布、随机变量的数字特征、数理统计初步,每章后附有习题,书末附有部分习题参考答案.

本书可作为普通高等院校理工类、经济管理类各专业的教材,也可供报考硕士研究生的读者参考.

图书在版编目(CIP)数据

概率论与数理统计/廖飞主编. —北京:机械工业出版社,2019.8(2024.8 重印)
普通高等教育"十三五"应用型人才培养规划教材
ISBN 978-7-111-63231-3

Ⅰ.①概… Ⅱ.①廖… Ⅲ.①概率论 – 高等学校 – 教材②数理统计 – 高等学校 – 教材 Ⅳ.①O21

中国版本图书馆 CIP 数据核字(2019)第 144377 号

机械工业出版社(北京市百万庄大街 22 号　邮政编码 100037)
策划编辑:韩效杰　责任编辑:韩效杰　刘琴琴
责任校对:李亚娟　封面设计:鞠　杨
责任印制:单爱军
北京虎彩文化传播有限公司印刷
2024 年 8 月第 1 版第 4 次印刷
184mm×260mm・10.25 印张・250 千字
标准书号:ISBN 978-7-111-63231-3
定价:29.00 元

电话服务　　　　　　　　　网络服务
客服电话:010 – 88361066　　机　工　官　网:www.cmpbook.com
　　　　　010 – 88379833　　机　工　官　博:weibo.com/cmp1952
　　　　　010 – 68326294　　金　书　网:www.golden – book.com
封底无防伪标均为盗版　　机工教育服务网:www.cmpedu.com

前言

本书是根据教育部关于理工类、经济管理类专业本科概率论与数理统计课程教学的基本要求,以培养学生的专业素质为目的,在汲取了作者多年的实践经验和教学改革成果的基础上编写而成的.本书具有以下特点:

1. 在内容安排上由浅入深,符合认知规律,既考虑了概率论与数理统计课程的科学性、系统性与逻辑性,对传统的教学内容和结构进行了适当的调整,又增加了与实际生活密切相关的数学理论和方法.

2. 在教学内容上实现了与专业课程内容的整体化,能够更好地为后续课程服务,并能满足报考硕士研究生和将来实际工作的需要.

3. 贯彻"问题教学法"的基本思想,对重要的概念、定理、方法,尽量从解决生活中的实际问题入手,先引入数学概念,再介绍数学定理、方法,最后解决所提出的问题,使学生能够了解实际背景,提高学习兴趣,同时增强应用数学知识解决实际问题的意识和能力.

4. 例题和习题的选配层次分明、难易适度,并恰当选用生活中的应用案例.本书在每节后面都配有习题,尽量使读者在做完本节习题后能够较好地理解和掌握本节的基本内容、基本理论和基本方法;在每章后面配有总习题,总习题分为(A)、(B)两组,其中(A)组习题反映了概率论与数理统计课程的基本要求,(B)组习题的大部分题目来自历年全国研究生的入学试题,综合性较强,可供学有余力或有志报考硕士研究生的读者使用.

5. 行文追求简洁流畅,重点、难点阐述详细,逻辑性强,既富有启发性又通俗易懂.针对概率论与数理统计课程教学的目标与特点,有些定理仅给出结论而略去证明过程,突出理论的应用和方法的介绍,内容深度和广度适当,贴近教学实际,便于教与学.

本书共分为5章,第1章、第4章由谢威编写,第2章、第3章由马妍编写,第5章由廖飞和褚文杰编写,全书的编写思想确定、结构安排、统稿定稿由廖飞完成.

本书的出版得到了黑龙江省高校教育教学改革一般研究项目(基于普通本科高校公共数学课程的改革,提升学生创新实践能力)、黑龙江省高等教育教学改革一般研究项目(数学类专业卓越创新人才培养模式的研究(SJGY20180515))牡丹江师范学院教学改革重点研究项目(18-XJ20001)经费的资助,在此,感谢校领导、老师和同学们的关心和支持.本书的出版还得到了机械工业出版社编辑团队的大力支持,在此谨致以诚挚的谢意.

由于编者水平有限,书中疏漏和不足之处在所难免,恳请广大读者和专家批评指正.

编者
2019年3月

目　　录

前言
第1章　随机事件及其概率 ………… 1
1.1　随机现象和随机事件 ………… 1
1.1.1　必然现象与随机现象 ………… 1
1.1.2　随机试验与随机事件 ………… 2
1.1.3　样本空间 ………… 2
1.1.4　随机事件的关系与运算 ………… 3
习题1.1 ………… 5
1.2　随机事件的概率 ………… 5
1.2.1　概率的统计定义 ………… 5
1.2.2　概率的古典定义 ………… 7
1.2.3　几何概型 ………… 9
1.2.4　概率的基本性质 ………… 9
习题1.2 ………… 12
1.3　乘法公式和随机事件的独立性 ………… 12
1.3.1　概率的乘法公式 ………… 12
1.3.2　随机事件的独立性 ………… 14
习题1.3 ………… 15
1.4　全概率公式和贝叶斯公式 ………… 16
1.4.1　全概率公式 ………… 16
1.4.2　贝叶斯公式 ………… 17
习题1.4 ………… 19
1.5　独立试验序列 ………… 19
习题1.5 ………… 21
总习题1 ………… 21
第2章　随机变量及其分布 ………… 25
2.1　随机变量的概念 ………… 25
习题2.1 ………… 26
2.2　离散型随机变量 ………… 26
2.2.1　离散型随机变量的定义 ………… 26
2.2.2　几个常用的离散型随机变量 ………… 27
习题2.2 ………… 29
2.3　连续型随机变量 ………… 30
2.3.1　连续型随机变量的定义 ………… 30
2.3.2　几个常用的连续型随机变量 ………… 31
习题2.3 ………… 33
2.4　随机变量的分布函数 ………… 33
习题2.4 ………… 37
2.5　随机变量函数的分布 ………… 37
2.5.1　离散型随机变量函数的分布 ………… 37
2.5.2　连续型随机变量函数的分布 ………… 39
习题2.5 ………… 40
总习题2 ………… 40
第3章　多维随机变量及其分布 ………… 45
3.1　二维随机变量及其分布 ………… 45
3.1.1　二维随机变量的概念 ………… 45
3.1.2　二维离散型随机变量的联合概率分布 ………… 45
3.1.3　二维连续型随机变量的联合概率密度 ………… 47
3.1.4　常用的二维随机变量 ………… 48
习题3.1 ………… 49
3.2　边缘分布 ………… 50
3.2.1　边缘分布函数 ………… 50
3.2.2　二维离散型随机变量的边缘概率分布 ………… 50
3.2.3　二维连续型随机变量的边缘概率密度 ………… 51
习题3.2 ………… 53
3.3　条件分布 ………… 54
3.3.1　离散型随机变量的条件概率分布 ………… 54
3.3.2　连续型随机变量的条件概率密度 ………… 55
习题3.3 ………… 56
3.4　随机变量的独立性 ………… 57
习题3.4 ………… 59
3.5　二维随机变量函数的分布 ………… 59
3.5.1　$Z=X+Y$的分布 ………… 59
3.5.2　商的分布 ………… 61

3.5.3 $M = \max\{X,Y\}, N = \min\{X,Y\}$ 的分布 ……………………… 62
3.5.4 二维随机变量函数其他形式的分布 ……………………… 63
习题 3.5 ……………………………………… 65
总习题 3 ……………………………………… 65

第 4 章 随机变量的数字特征 ……… 69
4.1 随机变量的数学期望 ……………… 69
4.1.1 离散型随机变量的数学期望 …… 69
4.1.2 连续型随机变量的数学期望 …… 70
4.1.3 随机变量函数的数学期望 ……… 71
4.1.4 数学期望的性质 ………………… 74
习题 4.1 ……………………………………… 75
4.2 随机变量的方差 …………………… 76
4.2.1 方差的定义 ……………………… 76
4.2.2 方差的性质 ……………………… 78
习题 4.2 ……………………………………… 80
4.3 协方差与相关系数 ………………… 80
4.3.1 协方差 …………………………… 80
4.3.2 相关系数 ………………………… 82
习题 4.3 ……………………………………… 84
4.4 矩和协方差矩阵 …………………… 85
4.4.1 矩 ………………………………… 85
4.4.2 协方差矩阵 ……………………… 86
习题 4.4 ……………………………………… 87
4.5 大数定律 …………………………… 87
4.5.1 切比雪夫(Chebyshev)不等式 … 87
4.5.2 切比雪夫大数定律 ……………… 88
习题 4.5 ……………………………………… 90
4.6 中心极限定理 ……………………… 90

习题 4.6 ……………………………………… 93
总习题 4 ……………………………………… 93

第 5 章 数理统计初步 ………………… 97
5.1 总体、样本与统计量 ……………… 97
5.1.1 总体与样本 ……………………… 97
5.1.2 样本数据的整理与显示 ………… 98
5.1.3 统计量及其分布 ………………… 102
习题 5.1 ……………………………………… 105
5.2 抽样分布 …………………………… 105
5.2.1 U 分布 …………………………… 105
5.2.2 χ^2 分布 ………………………… 106
5.2.3 t 分布(学生分布) ……………… 108
5.2.4 F 分布 …………………………… 109
习题 5.2 ……………………………………… 110
5.3 参数的点估计 ……………………… 111
5.3.1 参数的点估计法 ………………… 111
5.3.2 点估计法的优良性准则 ………… 119
习题 5.3 ……………………………………… 122
总习题 5 ……………………………………… 122

部分习题参考答案 …………………………… 127
附表 …………………………………………… 139
附表 1 泊松分布表 ……………………… 139
附表 2 标准正态分布密度函数值表 …… 142
附表 3 标准正态分布函数值表 ………… 143
附表 4 F 分布上分位数表 ……………… 145
附表 5 t 分布上分位数表 ……………… 153
附表 6 χ^2 分布上分位数表 …………… 154
参考文献 ……………………………………… 155

第 1 章 随机事件及其概率

概率论是研究和揭示随机现象规律性的数学学科,是统计学的重要基础.目前,概率论中的基本理论和分析方法已得到广泛的运用,比如气象、地震预报、人口控制及预测等,几乎遍及科技领域、社会科学和工农业生产的各个部门.

本章重点介绍概率论中的两个基本概念:随机事件及其概率,主要内容包括随机事件及其关系和运算、随机事件概率的概念和性质、随机事件概率的计算,本章是学习概率论和数理统计的基础.

1.1 随机现象和随机事件

1.1.1 必然现象与随机现象

客观世界中存在着两类现象,一类是在一定的条件下必然出现的现象,称之为**必然现象**.例如,在标准大气压下,把水加热到100℃,此时水沸腾是必然发生的现象;偶数能被 2 整除也是必然现象.另一类是在一定的条件下可能出现也可能不出现的现象,称之为**随机现象**.概率论是研究随机现象(偶然现象)规律性的科学.

人们在自己的实践活动中,常常会遇到随机现象.例如,远距离射击较小的目标,可能击中,也可能击不中,每一次射击的结果是随机(偶然)的;抛掷一枚质地均匀的硬币,其落地后可能是正面朝上,也可能是反面朝上,抛掷硬币前不能准确地预言,抛掷硬币的结果也是随机的.

由以上例子可以看出,随机现象具有两重性:表面上的偶然性与内部蕴含着的必然规律性.随机现象的偶然性又称为它的随机性.在一次试验或观测中,结果的不确定性就是随机现象随机性的一面;在相同的条件下进行大量重复试验或观测时呈现出来的规律性是随机现象必然性的一面,称随机现象的必然性为**统计规律性**.正如恩格斯所说:"在表面上是偶然性在起作用的地方,这种偶然性始终是受内部的隐蔽着的规律支配的,而问题只是在于发现这些规律."

1.1.2 随机试验与随机事件

研究随机现象,首先要对研究对象进行观察试验.为简便起见,我们把对某现象或对某事物的某个特征的观察(测),以及各种各样的科学实验统称为**试验**.这类试验的特征是,在一定的条件下,试验的可能结果不止一个.例如,抛掷硬币试验,一次抛掷,哪一面朝上是随机的,但在大量重复试验下,其试验结果却呈现出某种规律性;当把同一枚硬币进行成千上万次抛掷,人们发现"正面向上"与"反面向上"这两个试验结果出现的次数大致各占一半.所以,试验就是一定的综合条件的实现,我们假定这种综合条件可以任意多次地重复实现.大量现象就是很多次试验的结果.

定义 1-1 一般地,一个试验要具有下列特点:

(1)试验原则上可在相同条件下重复进行;

(2)试验结果是可观察的,并且结果有多种可能性,所有可能结果又是事先可知的;

(3)每次试验将要出现的结果是不确定的,事先无法准确预知.

若试验满足上述特点,则称该试验为**随机试验**,以后简称为**试验**,记作 E.

当一定的综合条件实现时,在试验的结果中所发生的现象叫作**事件**.如果在每次试验的结果中,某事件一定发生,则这一事件叫作**必然事件**;相反地,如果某事件一定不发生,则叫作**不可能事件**.

在试验的结果中,可能发生也可能不发生的事件,叫作**随机事件(偶然事件)**.例如,任意抛掷硬币时,正面向上是随机事件;远距离射击时,击中目标是随机事件;自动车床加工机械零件时,加工出来的零件为合格品是随机事件等.

通常我们用字母 $A, B, C, \cdots$ 表示随机事件,而字母 Ω 表示必然事件,符号 $\varnothing$ 表示不可能事件.

1.1.3 样本空间

试验的结果中每一个可能发生的事件叫作试验的**样本点**,通常用字母 ω 表示.

定义 1-2 试验的所有样本点 $\omega_1, \omega_2, \cdots, \omega_n, \cdots$ 构成的集合称为样本空间,通常用字母 Ω 表示,记作

$$\Omega = \{\omega_1, \omega_2, \cdots, \omega_n, \cdots\}.$$

仅含一个样本点的随机事件称为基本事件.

【例 1-1】 设试验为任意抛掷一枚硬币,则样本点为

ω_1 表示"正面向上",ω_2 表示"反面向上",

于是样本空间为

$$\Omega_1 = \{\omega_1, \omega_2\}.$$

正面向上是随机事件

$$A = \{\omega_1\}.$$

【例 1-2】 设试验为从装有三个白球(记为 1 号、2 号、3 号)与两个黑球(记为 4 号、5 号)的袋中任取两个球.

(1)如果观察取出的两个球的颜色,则样本点为

ω_{00} 表示"取出两个白球",

ω_{11} 表示"取出两个黑球",

ω_{01} 表示"取出一个白球与一个黑球",

于是样本空间为

$$\Omega'_2 = \{\omega_{00}, \omega_{01}, \omega_{11}\}.$$

取出两个球至少有一个白球是随机事件

$$B = \{\omega_{00}, \omega_{01}\}.$$

(2)如果观察取出的两个球的号码,则样本点为

ω_{ij} 表示"取出第 i 号与第 j 号球"$(1 \leq i < j \leq 5)$,

于是由 $C_5^2 = 10$ 个样本点构成的样本空间为

$$\Omega''_2 = \{\omega_{12}, \omega_{13}, \omega_{14}, \omega_{15}, \omega_{23}, \omega_{24}, \omega_{25}, \omega_{34}, \omega_{35}, \omega_{45}\}.$$

取出两个球至少有一个白球是随机事件

$$C = \{\omega_{12}, \omega_{13}, \omega_{14}, \omega_{15}, \omega_{23}, \omega_{24}, \omega_{25}, \omega_{34}, \omega_{35}\}.$$

【例 1-3】 设试验为计算某电话站总机在时间区间 $(0, T]$ 内的呼叫次数,则样本点为

ω_i 表示"呼叫 i 次"$(i = 0, 1, 2, \cdots)$,

于是由可数无穷多个样本点构成的样本空间为

$$\Omega_3 = \{\omega_0, \omega_1, \omega_2, \cdots\}.$$

【例 1-4】 设试验为测量车床加工的零件的直径,则样本点为

ω_x 表示"测得零件的直径为 x 毫米"$(a \leq x \leq b)$,

于是样本空间为

$$\Omega_4 = \{\omega_x \mid a \leq x \leq b\}.$$

1.1.4 随机事件的关系与运算

在实际问题中,我们常常需要同时考察多个在相同试验条件下的随机事件及它们之间的联系. 详细地分析事件之间的各种关系和运算性质,这不仅有助于我们进一步认识事件的本质,还为计算事件的概率做了必要的准备. 下面讨论事件之间的一些关系和几个基本运算.

如果没有特别的说明,下面问题的讨论都假定是在同一样本空间 Ω 中进行的.

1. 事件的包含关系与等价关系

设 A, B 为两个事件. 如果 A 中的每一个样本点都属于 B,那么

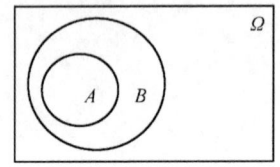

图 1-1

称事件 B **包含**事件 A，或称事件 A **包含于**事件 B，记作 $B \supset A$ 或 $A \subset B$. 图 1-1 表示 $A \subset B$.

对任何事件 A 都有 $\Omega \supset A \supset \varnothing$.

如果事件 B 包含事件 A，且事件 A 包含事件 B，即 $B \supset A$ 且 $A \supset B$，则称事件 A 与事件 B **相等**，记作 $A = B$.

2. 事件的并与交

设 A, B 为两个事件. 把至少属于 A 或 B 中一个的所有样本点构成的集合称作事件 A 与 B 的**并**，记作 $A \cup B$. 这就是说，事件 $A \cup B$ 表示在一次试验中，事件 A 与 B 至少有一个发生. 图 1-2 中的阴影部分表示 $A \cup B$.

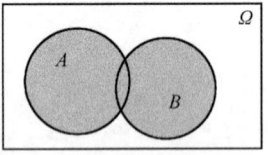

图 1-2

n 个事件 $A_1, A_2, \cdots, A_n$ 在一次试验中至少有一个事件发生称作事件 $A_1, A_2, \cdots, A_n$ 的并，记作 $A_1 \cup A_2 \cup \cdots \cup A_n$（简记为 $\bigcup\limits_{i=1}^{n} A_i$）.

设 A, B 为两个事件. 我们把同时属于 A 及 B 的所有样本点构成的集合称作事件 A 与 B 的**交**或**积**，记作 $A \cap B$ 或 AB. 这就是说，事件 $A \cap B$ 表示在一次试验中，事件 A 与 B 同时发生. 图 1-3 中的阴影部分表示 $A \cap B$.

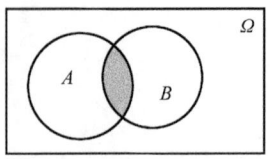

图 1-3

n 个事件 $A_1, A_2, \cdots, A_n$ 在一次试验中同时发生称作事件 $A_1, A_2, \cdots, A_n$ 的**交**或**积**，记作 $A_1 \cap A_2 \cap \cdots \cap A_n$ 或 $A_1 A_2 \cdots A_n$（简记为 $\bigcap\limits_{i=1}^{n} A_i$）.

3. 事件的互不相容（互斥）关系与事件的逆

设 A, B 为两个事件. 如果 $AB = \varnothing$，那么称事件 A 与事件 B 是**互不相容的**（或**互斥的**）. 这就是说，在一次试验中事件 A 与事件 B 不可能同时发生. 图 1-4 表示 $AB = \varnothing$. 通常把两个互不相容事件 A 与 B 的并记作 $A + B$.

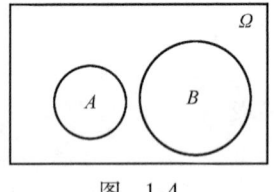

图 1-4

如果 n 个事件 $A_1, A_2, \cdots, A_n$ 中任意两个事件不可能同时发生，即 $A_i A_j = \varnothing (1 \leq i < j \leq n)$，则称这 n 个事件是**互不相容的**（或**互斥的**）.

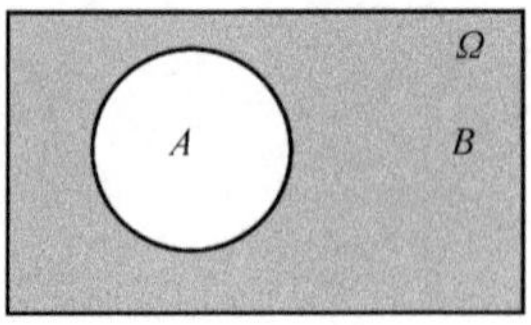

对于事件 A，我们把不包含在 A 中的所有样本点构成的集合称为事件 A 的**逆**（或 A 的**对立事件**）. 这就是说，如果事件 A 与 B 是互不相容的，并且它们中必有一事件发生，即事件中有且仅有一事件发生，即 $AB = \varnothing$ 且 $A \cup B = \Omega$，则称事件 A 与 B 是**对立的**（或**互逆的**），称事件 B 是事件 A 的**对立事件**（或**逆事件**）；同样事件 A 也是事件 B 的**对立事件**（或**逆事件**）. 记作 $B = \overline{A}$ 或 $A = \overline{B}$（见图 1-5）.

图 1-5

对任意的事件 A，有 $\overline{\overline{A}} = A, A \overline{A} = \varnothing, A \cup \overline{A} = \Omega$.

4. 完备事件组

如果 n 个事件 $A_1, A_2, \cdots, A_n$ 中至少有一个事件发生，即 $\bigcup\limits_{i=1}^{n} A_i = \Omega$，则称这 n 个事件构成完备事件组.

设 n 个事件 $A_1, A_2, \cdots, A_n$，满足下面的关系式

$$\begin{cases} A_i A_j = \varnothing \quad (1 \leqslant i < j \leqslant n), \\ \sum_{i=1}^{n} A_i = \Omega, \end{cases}$$

则称这 n 个事件构成互不相容的完备事件组.

显然,A 与 $\bar{A}$ 构成一个完备事件组;样本空间 Ω 中所有的基本事件构成互不相容的完备事件组.

根据上面的基本运算定义,不难验证事件之间的运算满足以下几个规律:

(1)交换律 $A \cup B = B \cup A, AB = BA$.
(2)结合律 $(A \cup B) \cup C = A \cup (B \cup C), (AB)C = A(BC)$.
(3)分配律 $A(B \cup C) = AB \cup AC, A \cup (BC) = (A \cup B)(A \cup C)$.
(4)德摩根(De Morgan)定律 $\overline{A \cup B} = \bar{A} \bar{B}, \overline{AB} = \bar{A} \cup \bar{B}$.

思考题 1.1:设随机事件 A 与 B 是对立事件,证明事件 $\bar{A}$ 与 $\bar{B}$ 仍为对立事件.

习题 1.1

1. 写出下面随机试验的样本空间:
(1)同时掷两颗骰子,记录两颗骰子分别出现的点数情况;
(2)同时掷两颗骰子,记录两颗骰子点数之和;
(3)在单位圆内任意取一点,观察它的坐标;
(4)生产产品直到 8 件正品为止,记录生产产品的总件数.

2. 对一个目标连续进行三次射击,用 A_i ($i=1,2,3$) 表示"第 i 次射击命中目标"这一事件,试用 A_1, A_2, A_3 的运算式表示下列各事件:
(1)第一次射击未命中目标而后两次射击都命中目标;
(2)前两次射击都未命中目标,而第三次射击命中目标;
(3)三次射击都命中目标;
(4)三次射击都未命中目标;
(5)三次射击正好有一次命中目标;
(6)三次射击正好有两次命中目标;
(7)三次射击至少有一次命中目标.

3. 设 $\Omega = \{x \mid 0 \leqslant x \leqslant 2\}, A = \left\{x \mid \dfrac{1}{2} < x \leqslant 1\right\}$, $B = \left\{x \mid \dfrac{1}{4} \leqslant x < \dfrac{3}{2}\right\}$,具体写出下列各事件:
(1)$\overline{A}B$;(2)$\bar{A} \cup B$;(3)$\overline{\bar{A}\bar{B}}$;(4)$\overline{\bar{A} \cup B}$.

1.2 随机事件的概率

1.2.1 概率的统计定义

1. 频率与概率

对于一般的随机事件来说,虽然在一次试验中是否发生不能预先知道,但是如果独立地多次重复这一试验就会发现,不同的事件发生的可能性是有大小之分的. 这种可能性的大小是事件本身固有的一种属性,它是不以人们的意志为转移的. 为了定量地描述随机事件的这种属性,下面先介绍频率的概念.

定义 1-3 在一组不变的条件 S 下,独立重复 n 次试验 E. 如果随机事件 A 在 n 次试验中发生了 μ 次,则比值 $\frac{\mu}{n}$ 称为随机事件 A 的相对频率(简称频率),记作 $f_n(A)$. 即

$$f_n(A) = \frac{\mu}{n},$$

其中 μ 称为频数.

例如,在抛一枚硬币时规定条件组 S 为:硬币是均匀的,放在手心上,用一定的动作垂直上抛,让硬币落在一个有弹性的平面上. 当条件组 S 大量重复实现时,事件 $A = \{正面向上\}$ 发生的次数 μ 能够体现出一定的规律性,如进行 50 次试验出现了 24 次正面. 这时

$$n = 50, \mu = 24, f_{50}(A) = \frac{24}{50} = 0.48.$$

一般来说,随着试验次数的增加,事件 A 出现的次数 μ 约占总试验次数的一半,换言之,事件 A 的频率接近于 $\frac{1}{2}$.

历史上,不少统计学家如皮尔逊等人做过成千上万次抛掷硬币的试验,其试验记录见表 1-1.

表 1-1

实验者	抛掷次数 n	A 出现的次数 μ	$f_n(A)$
德摩根(De Morgan)	2 048	1 061	0.518
蒲丰(Buffon)	4 040	2 048	0.506 9
皮尔逊(Pearson)	12 000	6 019	0.501 6
皮尔逊(Pearson)	24 000	12 012	0.500 5

从表 1-1 可以看出,随着试验次数的增加,事件 A 发生的频率的波动性越来越小,呈现出一种稳定状态,即频率在 0.5 这个定值附近摆动,这就是频率的稳定性,这是随机现象的一个客观规律.

可以证明,当试验次数 n 固定时,事件 A 的频率 $f_n(A)$ 具有下面几个性质:

(1) $0 \leqslant f_n(A) \leqslant 1$;

(2) $f_n(\Omega) = 1, f_n(\varnothing) = 0$;

(3) 若 $AB = \varnothing$,则 $f_n(A \cup B) = f_n(A) + f_n(B)$.

2. 概率的统计定义

定义 1-4 当试验次数 n 很大时,频率 $f_n(A)$ 常在一个确定的数 $p(0 \leqslant p \leqslant 1)$ 的附近摆动,这个刻画随机事件在试验中发生的可能性大小的数 p 称为随机事件 A 的概率,记作 $P(A) = p$.

概率的统计定义实际上给出了一个近似计算随机事件概率的方法,我们把多次重复试验中随机事件 A 的频率 $f_n(A)$ 作为随机事

件 A 的概率 $P(A)$ 的近似值,即

$$P(A) \approx f_n(A) = \frac{\mu}{n}.$$

必然事件的概率等于 1,即 $P(\Omega)=1$;不可能事件的概率等于 0,即 $P(\varnothing)=0$;任何事件 A 的概率满足不等式,即 $0 \leq P(A) \leq 1$.

随机事件的概率是完全客观存在的,它反映了大量现象中的某种客观属性,所以就个别现象而言,概率是没有任何现实意义的.

1.2.2 概率的古典定义

仅在比较特殊的情况下才可以直接计算随机事件的概率,这种计算是以下述概率的古典定义为基础的.

1. 古典概型

在学习概率的古典定义以前,我们先来介绍一下事件的等可能性,什么是事件的等可能性呢？如果试验时,由于某种对称性条件,使得若干个随机事件中每一事件发生的可能性在客观上是完全相同的,则称这些事件是**等可能**的. 例如,任意抛掷一枚硬币,"正面向上"与"反面向上"这两个事件发生的可能性在客观上是相同的,也就是等可能的;又如,抽样检查产品质量时,一批产品中每一个产品被抽到的可能性在客观上是相同的,因而抽到任一产品是等可能的.

设 Ω 为随机试验 E 的样本空间,若满足下列条件:

(1) Ω 只含有限个样本点;

(2) 每个样本点出现的可能性相等,

则称随机试验 E 为**古典概型**.

2. 概率的古典定义

定义 1-5 设随机试验 E 的样本空间 Ω 共有 N 个等可能的基本事件,其中有且仅有 M 个基本事件是包含于随机事件 A 的,则随机事件 A 所包含的基本事件数 M 与基本事件的总数 N 的比值称为随机事件 A 的**概率**,记作

$$P(A) = \frac{M}{N} = \frac{\text{事件 }A\text{ 包含的基本事件数}}{\text{基本事件总数}}.$$

所谓古典概型就是利用定义 1-5 中的关系式来讨论事件发生的概率的数学模型. 这里要注意,概率的古典定义与概率的统计定义是一致的. 在古典概型随机试验中,事件的频率是围绕着定义中 $\frac{M}{N}$ 这一数值摆动的. 概率的统计定义具有普遍性,它适用于一切随机现象;而概率的古典定义只适用于试验结果为等可能的有限个的情况,其优点是便于计算.

根据概率的古典定义可以计算古典概型随机试验中事件的概率. 在古典概型中确定事件 A 的概率时,只需求出基本事件的总数

N 及事件 A 包含的基本事件的个数 M. 为此,弄清随机试验的全部基本事件及所讨论的事件 A 包含哪些基本事件是非常重要的.

【例1-5】 从 $0,1,2,\cdots,9$ 十个数字中任取一个数字,求取得奇数数字的概率.

解 基本事件的总数 $N=10$. 设事件 A 表示取得奇数数字,则它所包含的基本事件数 $M=5$. 因此,所求的概率为
$$P(A)=\frac{5}{10}=0.5.$$

【例1-6】 袋内有三个白球与两个黑球,从其中任取两个球,求取得的两个球都是白球的概率.

解 基本事件的总数 $N=C_5^2=10$. 设事件 A 表示取出的两个球都是白球,则它所包含的基本事件数 $M=C_3^2=3$. 因此,所求的概率为
$$P(A)=\frac{C_3^2}{C_5^2}=\frac{3}{10}=0.3.$$

【例1-7】 在一批 N 个产品中有 M 个次品,从这批产品中任取 $n(n \geqslant m)$ 个产品,求其中恰有 m 个次品的概率.

解 基本事件的总数为 C_N^n. 设事件 A 表示取出的 n 个产品中恰有 m 个次品,则它所包含的基本事件数为 $C_M^m \cdot C_{N-M}^{n-m}$. 因此,所求的概率为
$$P(A)=\frac{C_M^m C_{N-M}^{n-m}}{C_N^n}.$$

【例1-8】 今有某公司年会的抽奖活动,设公司共有 $a+b$ 名员工,准备 $a+b$ 张券,a 张有奖的券与 b 张无奖的券,每人只能抽1张,抽出的券不再放回去,求第 $k(k \leqslant a+b)$ 个人抽到有奖的券的概率.

解 由于考虑到抽奖的顺序,这相当于从 $a+b$ 张券中任取 k 张券的选排列,所以基本事件的总数为
$$A_{a+b}^k=(a+b)(a+b-1)\cdots(a+b-k+1).$$
设事件 B_k 表示第 k 个人抽到有奖的券,则因为第 k 个人抽到有奖的券可以是 a 张有奖的券中的任一张,有 a 种取法;其余 $k-1$ 个人可在前 $k-1$ 次中顺次地从 $a+b-1$ 张券中任意取出,有 A_{a+b-1}^{k-1} 种取法. 所以,事件 B_k 所包含的基本事件数为
$$A_{a+b-1}^{k-1} \cdot a=(a+b-1)(a+b-2)\cdots(a+b-k+1)a,$$
因此,所求的概率为
$$P(B_k)=\frac{(a+b-1)\cdots(a+b-k+1)a}{(a+b)(a+b-1)\cdots(a+b-k+1)}=\frac{a}{a+b}.$$

值得注意的是,这个结果与 k 的值无关. 这表明无论哪一个人抽到有奖的券的概率都是一样的,或者说,抽到有奖的券的概率与

先后次序无关.

1.2.3 几何概型

几何概型是古典概型的推广,保留每个样本点发生的等可能性,但去掉了 Ω 中包含有限个样本点的限制,即允许试验的可能结果有无穷多个.

一般地,几何概型的基本思路如下:

(1) 随机试验的样本空间 Ω 是某个区域(可以是一维区间、二维平面区域或三维空间区域);

(2) 每个样本点出现的可能性相等.

若事件 A 所包含的区域为样本空间 Ω 所表示区域的子区域,则事件 A 的概率为

$$P(A) = \frac{m(A)}{m(\Omega)},$$

其中,$m(\cdot)$ 在一维情形下表示长度,在二维情形下表示面积,在三维情形下表示体积. 求几何概型的关键在于用某种度量(一般为长度、面积或体积)正确地描述样本空间 Ω 和所求事件 A.

【例 1-9】(会面问题) 甲乙两人相约在某一段时间 T 内在预定地点会面. 先到的人应等候另一人, 经过时间 $t(t<T)$ 后方可离开. 求甲乙两人会面的概率, 假定他们在时间 T 内的任一时刻到达预定地点是等可能的.

解 设甲乙两人在时间 T 内到达预定地点的时刻分别为 x 及 y,则它们可以取区间 $[0,T]$ 内的任一值,即

$$0 \leq x \leq T, 0 \leq y \leq T,$$

而两人会面的充分必要条件是

$$|x-y| < t.$$

我们把 x 及 y 表示为平面上一点的直角坐标,则所有的基本事件可以用边长为 T 的正方形内的点表示出来,而两人会面(设为事件 A)所包含的基本事件可以用这个正方形内介于两条直线

$$x - y = \pm t$$

之间的区域(图 1-6 中的阴影部分)内的点表示出来. 因此, 所求概率等于阴影部分的面积与正方形面积的比,即

$$P(A) = \boxed{} = 1 - \left(1 - \frac{t}{T}\right)^2.$$

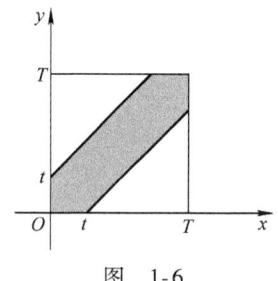

图 1-6

1.2.4 概率的基本性质

1. 概率的公理化体系

在讨论概率的基本性质之前,首先简要介绍概率的公理化体系.

上面介绍的概率的古典定义有一定的局限性,即它们都是以等

可能性(或均匀性)为基础的. 但在实际问题中有很多情况是不具有这种性质的;而概率的统计定义虽然比较直观,但在理论上不够严密. 因此,我们有必要采用数学抽象的方法,给出概率的一般公理化定义,提出一组关于随机事件概率的公理,使得后面的理论推导有所依据.

定义 1-6 设 E 是一个随机试验,Ω 为它的样本空间. 以 E 中所有的随机事件组成的集合为定义域,定义一个函数 $P(A)$(其中 A 为任一随机事件),且 $P(A)$ 满足以下三条公理,则称函数 $P(A)$ 为事件 A 的概率.

公理 1 $0 \leqslant P(A) \leqslant 1$.

公理 2 $P(\Omega) = 1$.

公理 3 若 $A_1, A_2, \cdots, A_n, \cdots$ 为两两互不相容事件,即 $A_i \cap A_j = \varnothing (i \neq j)$,则

$$P(A_1 \cup A_2 \cup \cdots \cup A_n \cup \cdots) = P(A_1) + P(A_2) + \cdots + P(A_n) + \cdots = \sum_{n=1}^{\infty} P(A_n).$$

公理 3 称为概率的**可列可加性**或**完全可加性**.

2. 概率的基本性质

下面我们给出概率的一些重要性质及应用.

性质 1 不可能事件的概率为零,即
$$P(\varnothing) = 0.$$

性质 2 (**有限可加性**) 设 $A_1, A_2, \cdots, A_n$ 两两互斥,则
$$P(\bigcup_{i=1}^{n} A_i) = \sum_{i=1}^{n} P(A_i).$$

性质 3 设 $\overline{A}$ 为 A 的对立事件,则
$$P(\overline{A}) = 1 - P(A).$$

性质 4 (**加法定理**) 对试验 E 中任意两个事件 A 与 B,均有
$$P(A \cup B) = P(A) + P(B) - P(AB).$$
推广 $P(A \cup B \cup C) = P(A) + P(B) + P(C) - P(AB) - P(AC) - P(BC) + P(ABC)$,

$$P(\bigcup_{i=1}^{n} A_i) = \sum_{i=1}^{n} P(A_i) - \sum_{1 \leqslant i < j \leqslant n} P(A_i A_j) + \sum_{1 \leqslant i < j < k \leqslant n} P(A_i A_j A_k) - \cdots + (-1)^{n-1} P(A_1 A_2 \cdots A_n).$$

性质 5 (**单调性**) 若事件 A 与 B,有 $B \supset A$,则
$$P(B) \geqslant P(A).$$

性质 6 (**可减性**) 若事件 A 与 B,有 $B \supset A$,则

$$P(B-A) = P(B) - P(A).$$

【例 1-10】 某企业生产的电子产品分为一等品、二等品与废品三种,如果生产一等品的概率为 0.8,二等品的概率为 0.19,问生产合格品(一等品和二等品)的概率是多少?

解 设 $A = \{$生产的是一等品$\}$,$B = \{$生产的是二等品$\}$,用 $A \cup B$ 表示"生产的是合格品",这样由性质 2,生产合格品的概率为
$$P(A \cup B) = P(A) + P(B) = 0.8 + 0.19 = 0.99.$$

【例 1-11】 在所有的两位数 10～99 中任取一个数,求这个数能被 2 或 3 整除的概率.

解 设事件 A 表示取出的两位数能被 2 整除,事件 B 表示取出的两位数能被 3 整除,则事件 $A \cup B$ 表示取出的两位数能被 2 或 3 整除;又事件 AB 表示取出的两位数能同时被 2 与 3 整除,即能被 6 整除. 因为所有的 90 个两位数中,能被 2 整除的有 45 个,能被 3 整除的有 30 个,而能被 6 整除的有 15 个,所以有
$$P(A) = \frac{45}{90}, P(B) = \frac{30}{90}, P(AB) = \frac{15}{90},$$
$$P(A \cup B) = \boxed{} \approx 0.667.$$

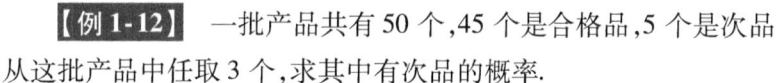

【例 1-12】 一批产品共有 50 个,45 个是合格品,5 个是次品,从这批产品中任取 3 个,求其中有次品的概率.

解 方法 1 取出的 3 个产品中有次品这一事件 A 可看作三个互不相容事件的并
$$A = A_1 \cup A_2 \cup A_3,$$
其中事件 A_i 表示取出的三个产品中恰有 i 个次品($i = 1, 2, 3$),则
$$P(A_1) = \frac{C_5^1 C_{45}^2}{C_{50}^3} \approx 0.2526,$$
$$P(A_2) = \frac{C_5^2 C_{45}^1}{C_{50}^3} \approx 0.0230,$$
$$P(A_3) = \frac{C_5^3}{C_{50}^3} \approx 0.0005,$$
根据互不相容事件概率的加法定理,得
$$P(A) = P(A_1) + P(A_2) + P(A_3) \approx 0.276.$$

方法 2 与事件 A 对立的事件 $\overline{A}$ 就是取出的 3 个产品全是合格品,则
$$P(\overline{A}) = \frac{C_{45}^3}{C_{50}^3} \approx 0.724,$$
$$P(A) = 1 - P(\overline{A}) \approx 0.276.$$

思考题 1.2:掷一枚硬币 $2n$ 次,出现正面向上次数多于反面向上次数的概率为多少?

习题 1.2

1. 10 把钥匙中有 3 把能打开门,今任取 2 把,求能打开门的概率.

2. 一批产品共有 200 个,其中废品有 6 个,从中任取 3 个,试求下列事件的概率:
   (1) 取出的 3 个产品中废品不超过一个;
   (2) 取出的 3 个产品中至少有一个废品.

3. 掷两颗骰子,求下列事件的概率:
   (1) 点数之和为 7;
   (2) 点数之和不超过 5;
   (3) 两个点数中一个恰是另一个的两倍.

4. 一间宿舍内住有 6 位同学,求他们中有 4 个人的生日在同一月份的概率.

5. 5 封信随机地投到 3 个信筒中,求下列事件的概率:
   (1) 第一个信筒恰有两封信;
   (2) 第一个信筒至少有两封信;
   (3) 第一个信筒最多有两封信.

6. 将 3 个球分别放入 4 个杯子中去,求杯子中球的最多个数分别为 1,2,3 的概率.

7. 某人午觉醒来,发现钟表停了,他打开收音机,想听电台报时,求他等待的时间不超过 10 分钟的概率.

1.3 乘法公式和随机事件的独立性

1.3.1 概率的乘法公式

1. 条件概率

定义 1-7 如果在事件 B 已经发生的条件下,考虑事件 A 的概率,则称这种概率为事件 A 在事件 B 已发生的条件下的条件概率,记作 $P(A|B)$.

例如,两台车床加工同一种机械零件,产品情况见表 1-2.

表 1-2

	合格品数	次品数	总计
第一台车床加工的零件数	35	5	40
第二台车床加工的零件数	50	10	60
总计	85	15	100

从 100 个零件中任取一个零件,则取得合格品(设为事件 A)的概率

$$P(A) = \frac{85}{100} = 0.85.$$

已知取出的零件是第一台车床加工的(设为事件 B),则条件概率

$$P(A|B) = \frac{35}{40} = 0.875.$$

已知取出的零件是第二台车床加工的(设为事件 $\overline{B}$),则条件概率

$$P(A|\bar{B}) = \frac{50}{60} \approx 0.833.$$

定理 1-1 设事件 B 的概率 $P(B) > 0$，则在事件 B 已发生的条件下事件 A 的条件概率等于事件 AB 的概率除以事件 B 的概率所得的商，即

$$P(A|B) = \frac{P(AB)}{P(B)}.$$

证明 设试验的样本空间 Ω 共有 N 个等可能的基本事件，随机事件 A 包含其中的 M_1 个基本事件，随机事件 B 包含其中的 M_2 个基本事件，则

$$P(A) = \frac{M_1}{N}, P(B) = \frac{M_2}{N},$$

又事件 A 与 B 的交 AB 包含其中的 M 个事件（显然，M 个事件就是 A 包含的 M_1 个基本事件与 B 包含的 M_2 个基本事件中共有的那些事件），则

$$P(AB) = \frac{M}{N},$$

在事件 B 已发生的条件下，原样本空间 Ω 缩减为样本空间 Ω_B，Ω_B 就是 Ω 中所有包含于 B 的基本事件的集合．因此，Ω_B 中有且仅有 M_2 个基本事件，在 Ω_B 中事件 A 所包含的基本事件有且仅有 M 个，即事件 AB 所包含的那些基本事件，则

$$P(A|B) = \frac{M}{M_2},$$

于是有

$$P(A|B) = \frac{M}{M_2} = \frac{\frac{M}{N}}{\frac{M_2}{N}} = \frac{P(AB)}{P(B)}.$$

同理，设事件 A 的概率 $P(A) > 0$，则在事件 A 已发生的条件下事件 B 的条件概率为

$$P(B|A) = \frac{P(AB)}{P(A)}.$$

2. 概率的乘法定理

定理 1-2 事件的交的概率等于其中一事件的概率与另一事件在前一事件已发生的条件下的条件概率的乘积，即

$$P(AB) = P(A)P(B|A) \quad (P(A) > 0),$$

同理有

$$P(AB) = P(B)P(A|B) \quad (P(B) > 0).$$

定理 1-3 有限个事件的交的概率等于这些事件的概率的乘积，其中每一事件的概率是它前面的一切事件都已发生的条件下的条件概率，即

$$P(A_1A_2\cdots A_n) = P(A_1)P(A_2|A_1)P(A_3|A_1A_2)\cdots P(A_n|A_1A_2\cdots A_{n-1}).$$

【例 1-13】 一批零件共 100 个,次品率为 10%,每次从其中任取一个零件,取出的零件不再放回去,求第 3 次才取得合格品的概率.

解 设事件 A_i 表示第 i 次取得合格品 ($i=1,2,3$),即 $\overline{A}_1\overline{A}_2A_3$ 表示第三次才取得合格品,则

$$P(\overline{A}_1) = \frac{10}{100}, P(\overline{A}_2|\overline{A}_1) = \frac{9}{99}, P(A_3|\overline{A}_1\overline{A}_2) = \frac{90}{98},$$

由此得到所求的概率

$$P(\overline{A}_1\overline{A}_2A_3) = \boxed{} = \frac{10}{100} \times \frac{9}{99} \times \frac{90}{98} \approx 0.0083.$$

1.3.2 随机事件的独立性

定义 1-8 如果事件 B 的发生不影响事件 A 的概率,即 $P(A|B) = P(A)$,则称事件 A 对事件 B 是独立的,否则,称为是不独立的.

【例 1-14】 袋中有 5 个白球和 3 个黑球,从袋中陆续取出两个球,假定

(1) 第一次取出的球仍放回去;

(2) 第一次取出的球不再放回去.

判定第一次取出白球与第二次取出白球是否独立?

解 设事件 A 表示第二次取出的球是白球;事件 B 表示第一次取出的球是白球.在情形(1)中, $P(A|B) = P(A) = \frac{5}{8}$,所以,事件 A 对 B 是独立的.在情形(2)中, $P(A|B) = \frac{4}{7}, P(A) = \frac{5}{8}$,所以事件 A 对事件 B 是不独立的.

需要指出,如果事件 A 对事件 B 是独立的,则事件 B 对事件 A 也是独立的.进一步可得出以下的结论:在 A 与 $B, \overline{A}$ 与 B, A 与 $\overline{B}, \overline{A}$ 与 $\overline{B}$ 这四对事件中,若有一对独立,则另外三对也相互独立.

定理 1-4(概率乘法定理) 两个独立事件的积的概率等于这两个事件的概率的乘积,即

$$P(AB) = P(A)P(B).$$

证明 $P(AB) = P(A)P(B|A) = P(A)P(B).$

推论 有限个独立事件的积的概率等于这些事件的概率的乘积,即

$$P(A_1A_2\cdots A_n) = P(A_1)P(A_2)\cdots P(A_n).$$

【例 1-15】 一批产品共有 N 个,其中有 M 个次品,从这批产

品中任意抽取一个来检查,记录其等级后,仍放回去,连续抽取 n 次,求 n 次都取得合格品的概率.

解 设事件 A_i 是第 i 次抽查时取得的合格品($i=1,2,\cdots,n$),则事件 $A_1,A_2,\cdots,A_n$ 是独立的,且

$$P(A_i) = \frac{N-M}{N} \quad (i=1,2,\cdots,n),$$

则

$$P(A_1 A_2 \cdots A_n) = \frac{N-M}{N} \cdot \frac{N-M}{N} \cdots \frac{N-M}{N} = \left(\frac{N-M}{N}\right)^n.$$

【例 1-16】 加工某一零件共需经过三道工序,设第一、二、三道工序的次品率分别是 2%、3%、5%. 假定各道工序是互不影响的,问加工出来的零件的次品率是多少?

解 方法 1 设事件 A_i 是第 i 道工序出现的次品($i=1,2,3$),因为加工出来的零件是次品(设为事件 A),也就是至少有一道工序出现次品,则

$$A = A_1 \cup A_2 \cup A_3,$$
$$P(A_1) = 0.02, P(A_2) = 0.03, P(A_3) = 0.05,$$

因为各道工序是互不影响的,所以事件 A_1,A_2,A_3 是相互独立的,则

$$P(A_1 A_2) = 0.02 \times 0.03 = 0.0006,$$
$$P(A_1 A_3) = 0.02 \times 0.05 = 0.001,$$
$$P(A_2 A_3) = 0.03 \times 0.05 = 0.0015,$$
$$P(A_1 A_2 A_3) = 0.02 \times 0.03 \times 0.05 = 0.00003,$$

因此,所求的概率

$$\begin{aligned} P(A) &= P(A_1 \cup A_2 \cup A_3) \\ &= P(A_1) + P(A_2) + P(A_3) - P(A_1 A_2) - P(A_1 A_3) - \\ &\quad P(A_2 A_3) + P(A_1 A_2 A_3) \\ &= 0.09693. \end{aligned}$$

方法 2 A 的对立事件 $\overline{A}$(加工出来的零件是合格品)的概率

$$\overline{A} = \overline{A_1 \cup A_2 \cup A_3} = \overline{A_1}\,\overline{A_2}\,\overline{A_3},$$
$$P(\overline{A_1}) = 1 - 0.02 = 0.98, P(\overline{A_2}) = 1 - 0.03 = 0.97,$$
$$P(\overline{A_3}) = 1 - 0.05 = 0.95,$$
$$P(A) = 1 - P(\overline{A}) = 1 - 0.98 \times 0.97 \times 0.95 = 0.09693.$$

思考题 1.3:设两个相互独立事件 A 和 B 至少发生一个的概率为 $\frac{8}{9}$,已知 A 发生 B 不发生的概率与 B 发生 A 不发生的概率相等,则 $P(A)$ 等于多少?

习题 1.3

1. 一批产品共有 N 件,其中有正品 M 件,其他为次品. 现从这批产品中不放回抽取两次,每次抽取一件,求

(1)在第一次取到正品的条件下,第二次取到正品的概率;

(2)在第一次取到次品的条件下,第二次取到正品的概率.

2. 盒中有 3 个球,其中 1 个是红球,其他

都是白球. 第一个人从盒中任意取一球, 不放回去. 第二个人从盒中剩下的两个球中任取一球, 也不放回去. 盒中剩下的最后一个球给了第三个人. 试证明这三个人每人取得红球的概率都是一样的.

3. 某人忘记了电话号码的最后一个数字, 因而他随意地拨号, 求他拨号不超过三次而接通所需电话的概率. 若已知最后一个数字是奇数, 那么此概率是多少?

4. 已知在 10 只晶体管中有 2 只次品, 在其中取两次, 每次任意取一只, 进行不放回取样. 求下列事件的概率: (1) 两只都是正品; (2) 两只都是次品; (3) 一只是正品, 一只是次品; (4) 第二次取出的是次品.

5. 设事件 A, B 至少有一个发生的概率为 $\frac{1}{3}$, A 发生而 B 不发生的概率为 $\frac{1}{9}$, 求 $P(B)$.

6. 某单位有 92% 的职工订阅报纸, 93% 的人订阅杂志, 在不订阅报纸的人中仍有 85% 的职工订阅杂志, 从该单位中任找一名职工求下列事件的概率:
(1) 该职工至少订阅一种报纸或杂志;
(2) 该职工不订阅杂志, 但是订阅报纸.

1.4 全概率公式和贝叶斯公式

1.4.1 全概率公式

定义 1-9(**全概率公式**) 如果事件组 $A_1, A_2, \cdots, A_n$ 为互不相容的完备事件组, 则对任一事件 B, 有

$$P(B) = \sum_{i=1}^{n} P(A_i) P(B|A_i),$$

上述公式称为全概率公式, 事件 $A_1, A_2, \cdots, A_n$ 叫作关于事件 B 的假设.

证明 因为事件 A_i 与 $A_j (i \neq j)$ 是互不相容的, 所以事件 BA_i 与 BA_j 也是互不相容的. 因此, 事件 B 可以看作 n 个互不相容事件 BA_i ($i = 1, 2, \cdots, n$) 的并, 即

$$B = BA_1 + BA_2 + \cdots + BA_n,$$

根据概率加法定理有

$$P(B) = P(BA_1) + P(BA_2) + \cdots + P(BA_n) = \sum_{i=1}^{n} P(BA_i),$$

再根据概率乘法定理有

$$P(B) = \sum_{i=1}^{n} P(BA_i) = \sum_{i=1}^{n} P(A_i) P(B|A_i).$$

【**例 1-17**】 有 10 个袋子, 各袋子中装球的情况如下:
(1) 2 个袋子中各装有 2 个白球与 4 个黑球;
(2) 3 个袋子中各装有 3 个白球与 3 个黑球;
(3) 5 个袋子中各装有 4 个白球与 2 个黑球.

任取一个袋子, 并从中任取 2 个球, 求取出的 2 个球都是白球的概率.

解 设事件 A 表示取出的 2 个球都是白球,事件 B_i 表示所取袋子中装球的情况属于第 i 种$(i=1,2,3)$,则

$$P(B_1)=\frac{2}{10},P(A|B_1)=\frac{C_2^2}{C_6^2}=\frac{1}{15},$$

$$P(B_2)=\frac{3}{10},P(A|B_2)=\frac{C_3^2}{C_6^2}=\frac{3}{15},$$

$$P(B_3)=\frac{5}{10},P(A|B_3)=\frac{C_4^2}{C_6^2}=\frac{6}{15},$$

于是,由全概率公式得

$$P(A)=\frac{2}{10}\times\frac{1}{15}+\frac{3}{10}\times\frac{3}{15}+\frac{5}{10}\times\frac{6}{15}\approx 0.273.$$

【例 1-18】 两台车床加工同样的零件,第一台出现废品的概率是 0.03,第二台出现废品的概率是 0.02. 加工出来的零件放在一起,并且已知第一台加工的零件比第二台加工的零件多一倍,求任意取出的零件是合格品的概率.

解 设事件 A 表示任意取出的零件是合格品,则 $\overline{A}$ 表示任意取出的零件是废品. B_1 表示任意取出的零件是第一台生产的,B_2 表示任意取出的零件是第二台生产的."第一台加工的零件比第二台多一倍",则

$$P(B_1)=\frac{2}{3},P(B_2)=\frac{1}{3},$$

由题意有

$$P(\overline{A}|B_1)=0.03,P(\overline{A}|B_2)=0.02,$$

因为条件概率具有概率的一切性质,有

$$P(A|B_1)=1-P(\overline{A}|B_1)=1-0.03=0.97,$$
$$P(A|B_2)=1-P(\overline{A}|B_2)=1-0.02=0.98,$$

由全概率公式,则

$$P(A)=\boxed{}=\frac{2}{3}\times 0.97+\frac{1}{3}\times 0.98$$
$$\approx 0.973.$$

1.4.2 贝叶斯公式

定义 1-10(贝叶斯公式) 若 $A_1,A_2,\cdots,A_n$ 为一列互不相容的事件,且 $\bigcup_{i=1}^{n}A_i=\Omega,P(A_i)>0(i=1,2,\cdots,n)$. 则对任一事件 B,有

$$P(A_i|B)=\frac{P(A_i)P(B|A_i)}{\sum_{j=1}^{n}P(A_j)P(B|A_j)} \quad (i=1,2,\cdots,n),$$

上述公式称为贝叶斯公式.

在实际问题中常把 $A_1,A_2,\cdots,A_n$ 看作是导致某试验结果 B 发

生的"原因". 所以,$P(A_1),P(A_2),\cdots,P(A_n)$就表示各种"原因"发生的可能性大小,称之为**先验概率**. 一般是以往经验的总结,并且在试验以前就已知. 而条件概率$P(A_i|B)$称为**后验概率**,它反映了在事件B已发生的情况下,对各种"原因"$A_1,A_2,\cdots,A_n$发生可能性大小的重新认识. 因此,对于条件概率$P(A_i|B)(i=1,2,\cdots,n)$中最大的一个,其相应的"原因"A_i导致事件B发生的可能性最大. 这在一定程度上可以帮助我们分析事件B的原因.

【**例 1-19**】 某工厂有四条流水线生产同一种产品,该四条流水线分别占总产量的 15%、20%、30% 和 35%, 又这四条流水线的不合格率依次为 0.05、0.04、0.03 和 0.02. 现在从出厂产品中任取一件,问恰好抽到不合格品的概率为多少? 若该厂规定,出了不合格品要追究有关流水线的经济责任,现在在出厂产品中任取一件,结果为不合格品,但标志已脱落. 问第四条流水线应承担多大责任?

解 令
$$A = \{任取一件,恰好抽到不合格品\},$$
$$B_i = \{任取一件,恰好抽到第 i 条流水线的产品\} \ (i=1,2,3,4),$$
由全概率公式得
$$P(A) = \sum_{i=1}^{4} P(B_i)P(A|B_i)$$
$$= 0.15 \times 0.05 + 0.20 \times 0.04 + 0.30 \times 0.03 + 0.35 \times 0.02$$
$$= 0.0315 = 3.15\%,$$
$$P(B_4|A) = \frac{P(B_4)P(A|B_4)}{\sum_{i=1}^{4} P(B_i)P(A|B_i)} = \frac{0.35 \times 0.02}{0.0315} = \frac{14}{63} \approx 0.222.$$

思考题 1.4:袋中有 20 个红球和 30 个白球,今有两人先后随机地从袋中各取一球,取后不放回,则第二个人取得红球的概率是多少?

【**例 1-20**】 用甲胎蛋白法普查肝癌,令 $C = \{被检验者患肝癌\}$,$A = \{甲胎蛋白检验结果为阳性\}$,则 $\overline{C} = \{被检验者未患肝癌\}$,$\overline{A} = \{甲胎蛋白检验结果为阴性\}$. 由过去的资料已知 $P(A|C) = 0.95, P(\overline{A}|\overline{C}) = 0.90$,又已知某地居民的肝癌发病率为 $P(C) = 0.0004$. 在普查中查出一批甲胎蛋白检验结果为阳性的人,求这批人中真的患有肝癌的概率 $P(C|A)$.

解 由贝叶斯公式可得
$$P(C|A) = \frac{P(C)P(A|C)}{P(C)P(A|C) + P(\overline{C})P(A|\overline{C})}$$
$$= \frac{0.0004 \times 0.95}{0.0004 \times 0.95 + 0.9996 \times 0.1} \approx 0.0038.$$

此题说明用甲胎蛋白检验法时,须先采用一些简单易行的辅助方法怀疑某个对象可能患肝癌时才可进行.

一般地,讨论事件的关系时,要注意某一事件的发生是否受到其他事件的限制,若是,就要用条件概率公式计算该事件的概率. 应用全概率公式时,必须找一列互不相容的能将样本空间划分的事件与所求事件相交. 贝叶斯公式的条件与全概率公式相同,它是一种条件概率.

习题 1.4

1. 有 3 个箱子,第一个箱子中有 4 个黑球 1 个白球,第二个箱子中有 3 个黑球 3 个白球,第三个箱子中有 3 个黑球 5 个白球,现随机地取一个箱子,再从这个箱子中取出一个球. 求
（1）这个球是白球的概率；
（2）已知取出的球为白球,此球属于第二个箱子的概率.

2. 某工厂的 3 个车间生产同一种产品,其产量比为 9∶7∶4,各车间产品的废品率依次为 4%、2%、5%,求该厂这种产品的废品率.

3. 某高校新生中,北京考生占 30%,京外其他各地考生占 70%. 已知在北京学生中,以英语为第一外语的占 80%,而京外学生以英语为第一外语的占 95%,今从全校新生中任选一名学生,求该生以英语为第一外语的概率.

4. 一个机床有三分之一的时间加工零件 A,其余时间加工零件 B. 加工零件 A 时,停机的概率为 0.3；加工零件 B 时,停机的概率为 0.4,求这个机床停机的概率.

5. 市场供应的灯泡中有 40% 是甲厂生产的,60% 是乙厂生产的,若甲、乙两厂生产的灯泡次品率分别为 0.02 和 0.03,求
（1）顾客不加选择地买一个灯泡为正品的概率；
（2）已知顾客买的一个灯泡为正品,它是甲厂生产的概率.

6. 某人外出可以乘坐飞机、火车、轮船、汽车 4 种交通工具,其概率分别为 5%、15%、30%、50%,乘坐这几种交通工具能如期到达的概率依次为 100%、70%、60% 与 90%,已知该旅行者未能如期到达,求他是乘坐火车的概率.

1.5 独立试验序列

进行一系列试验,在每次试验中,事件 A 或者发生或者不发生. 假设每次试验的结果与其他各次试验的结果无关,事件 A 的概率 $P(A)$ 在整个系列试验中保持不变,这样的一系列试验叫做**独立试验序列**. 例如,前面提到的重复抽样就是独立试验序列.

独立试验序列是伯努利首先研究的. 假设每次试验只有两个互相独立的结果 A 与 $\overline{A}$,并设

$$P(A) = p, P(\overline{A}) = q, p + q = 1,$$

在这种情形下,我们有下面的定理.

定理 1-5 如果在独立试验序列中事件 A 的概率为 $p(0 < p < 1)$,则在 n 次试验中事件 A 恰发生 m 次的概率为

$$P_n(m) = C_n^m p^m q^{n-m} = \frac{n!}{m!(n-m)!} p^m q^{n-m}.$$

证明 按独立事件的概率乘法定理,n 次试验中事件 A 在某 m 次发生而其余 $n-m$ 次不发生的概率应等于 $p^m q^{n-m}$. 因为我们只考

虑事件 A 在 n 次试验中发生 m 次,而不论哪 m 次发生,所以由组合论可知应有 C_n^m 种不同的方式,则所求的概率为

$$P_n(m) = C_n^m p^m q^{n-m}.$$

我们指出,由于 n 次试验所有可能的结果就是事件 A 发生 0, $1,2,\cdots,n$ 次,而这些结果是互不相容的,所以显然应有

$$\sum_{m=0}^{n} P_n(m) = 1.$$

因为概率 $P_n(m)$ 就等于二项式 $(px+q)^n$ 的展开式中 x^m 的系数,所以我们把概率 $P_n(m)$ 的分布叫作**二项分布**。

【例 1-21】 某批产品中有 20% 的次品,进行重复抽样检查,共取 5 个样品,求其中次品数等于 0,1,2,3,4,5 的概率.

解 设 A 为次品数,则 $n=5, p=0.2, q=0.8$,则

$$P_5(0) = 0.8^5 \approx 0.3277.$$
$$P_5(1) = C_5^1 \times 0.2 \times 0.8^4 = 0.4096.$$
$$P_5(2) = C_5^2 \times 0.2^2 \times 0.8^3 = 0.2048.$$
$$P_5(3) = C_5^3 \times 0.2^3 \times 0.8^2 = 0.0512.$$
$$P_5(4) = C_5^4 \times 0.2^4 \times 0.8^1 = 0.0064.$$
$$P_5(5) = 0.2^5 \approx 0.0003.$$

【例 1-22】 电灯泡使用时数在 1 000h 以上的概率为 0.2,求三个灯泡在使用 1 000h 以后最多只有一个坏了的概率.

解 设事件 A 表示灯泡在使用 1 000h 以后还是好的,由条件知

$$P(A) = 0.2, P(\bar{A}) = 0.8,$$

设事件 B_i 表示三个灯泡使用 1 000h 以后恰有 i 个坏了($i=0,1,2,3$),则"三个灯泡使用 1 000h 以后最多只有一个坏了"这一事件可以表示为 $B_0 \cup B_1$,则由二项分布得

$$P(B_0) = C_3^0 (0.8)^0 (0.2)^3 = 0.008,$$
$$P(B_1) = C_3^1 (0.8)^1 (0.2)^2 = 0.096,$$
$$P(B_0 \cup B_1) = P(B_0) + P(B_1) = 0.008 + 0.096 = 0.104.$$

思考题 1.5:在贝努利试验中,每次试验成功的概率为 p,求在第 n 次成功之前恰失败了 m 次的概率.

【例 1-23】 已知每枚地对空导弹击中来犯敌机的概率为 0.96,问需要发射多少枚导弹才能保证至少有一枚导弹击中敌机的概率大于 0.999?

解 设需要发射 n 枚导弹,则 $p=0.96, q=0.04$,

$$P(m \geq 1) = \boxed{} > 0.999,$$
$$0.04^n < 0.001,$$
$$n > \frac{\lg 0.001}{\lg 0.04} \approx 2.15,$$

即 $n=3$ 时,才能保证至少有一枚导弹击中敌机的概率大于 0.999.

习题 1.5

1. 某企业采取三项深化改革措施,预计各项改革措施成功的可能性分别为 0.6、0.7 和 0.8,设三项措施中有一项、两项、三项成功可取得经济效益的概率分别为 0.4、0.7 和 0.9,若各项措施成功与否相互独立,求

(1)企业可取得经济效益的概率;

(2)企业已取得经济效益,是由于恰有两项措施成功而引起的概率.(假定三项均不成功不会取得经济效益.)

2. 一批产品中有 30% 的一级品,进行重复抽样调查,共取 5 个样品. 求

(1)取出的 5 个样品中恰有 2 个一级品的概率;

(2)取出的 5 个样品中至少有 2 个一级品的概率.

3. 加工某产品需要经过两道工序,已知每道工序的次品率皆为 0.1,且两道工序是互不影响的,求加工出来的产品的次品率.

4. 用步枪射击敌机,每支步枪的命中率皆为 0.2,问需要多少支步枪各发射一弹,才能保证不小于 90% 的概率击中敌机?

5. 甲、乙两个篮球运动员,投篮命中率分别为 0.9 和 0.8,每人投篮两次,试求下列各事件的概率:(1)甲两个球全进;(2)乙正好进一个球;(3)甲、乙进球一样多;(4)甲比乙进球多.

总习题 1

(A)

1. 设 A,B,C 表示三个随机事件,试将下列事件用 A,B,C 表示出来:

(1)仅 A 发生;

(2)A,B,C 都发生;

(3)A,B,C 都不发生;

(4)A,B,C 不都发生;

(5)A 不发生,且 B,C 中至少有一事件发生;

(6)A,B,C 中至少有一事件发生;

(7)A,B,C 中恰有一事件发生;

(8)A,B,C 中至少有两事件发生;

(9)A,B,C 中最多有一事件发生.

2. 判断下列结论是否正确:

(1)$A - B = A - AB = A\bar{B}$;

(2)$(A \cup B) - B = A$;

(3)$(A - B) + B = A$;

(4)$(A - B) - C = A - (B + C)$.

3. 选择题

(1)若 A 与 B 互不相容,则以下式子总能成立的是( ).

A. $P(A \cup B) = P(A) + P(B)$

B. $P(AB) = 1$

C. $P(AB) = P(A)P(B)$

D. $P(A \cup B) = 0$

(2)n 个同学随机地坐成一排,其中甲、乙坐在一起的概率为( ).

A. $\dfrac{1}{n}$ B. $\dfrac{2}{n}$

C. $\dfrac{1}{n-1}$ D. $\dfrac{2}{n-1}$

4. 若 $P(A) > 0, P(B) > 0$,将下列四个数 $P(A), P(AB), P(A \cup B), P(A) + P(B)$ 按从小到大的顺序排列,用符号 $\leqslant$ 联系它们,并指出在什么情况下等式有可能成立?

5. 若 $P(A) = 0.7, P(B) = 0.6, P(A \cup B) = 0.9$,求 $P(\overline{AB})$.

6. 设 A, B, C 是三个随机事件,且 $P(A) = P(B) = P(C) = \dfrac{1}{4}, P(AC) = \dfrac{1}{8}, P(AB) = P(CB) = 0$,求 A, B, C 至少有一个发生的概率.

7. 若 $P(A)=0.7$，$P(B)=0.6$，$P(B|\overline{A})=0.4$，求 $P(A\cup B)$。

8. 设 A,B 为两事件，且 $P(A)=p$，$P(AB)=P(\overline{A}\,\overline{B})$，求 $P(B)$。

9. 假设事件 A,B 发生的概率为 $P(A)=0.5$，$P(B)=0.7$，问

(1) 在什么条件下概率 $P(AB)$ 最大？最大值等于什么？

(2) 在什么条件下概率 $P(AB)$ 最小？最小值等于什么？

10. 甲、乙两艘轮船驶向一个不能同时停泊两艘轮船的码头停泊，它们在一昼夜内到达的时刻是等可能的。如果甲船的停泊时间是1h，乙船的停泊时间是2h，求它们中的任何一艘都不需等候码头空出的概率。

11. 电路由电池 a 与两个并联的电池 b 及 c 串联而成。设电池 a,b,c 损坏的概率分别是0.3、0.2、0.2，求电路发生间断的概率。

12. 一口袋中有2个白球、3个黑球，从中依次取出两个球，试求取出的两个球都是白球的概率。

13. 甲、乙二人同时向一架敌机射击，已知甲击中敌机的概率为0.6，乙击中敌机的概率为0.5，求敌机被击中的概率。

14. 设甲袋中有白球5个、红球3个，乙袋中有白球6个、红球2个。现从甲袋中任取一球放入乙袋，然后再从乙袋中任取一球。试求从乙袋中取到白球的概率。

15. 一个盒子中有 $n(n>1)$ 只晶体管，其中有一只是次品，随机地取一只测试，直到找到次品为止，求在第 $k(1\leqslant k\leqslant n)$ 次测试出次品的概率。

16. 有三个形状相同的箱子，在第一个箱子中有2个正品，1个次品；在第二个箱子中有3个正品，1个次品；在第三个箱子中有2个正品，2个次品。现从任意一个箱子中，任取一件产品，问取到正品的概率是多少？

17. 甲、乙两个乒乓球运动员进行单打比赛，已知每一局甲胜的概率为0.6，乙胜的概率为0.4，比赛时可以采用三局二胜制或五局三胜制，问在哪一种比赛制度下，甲获胜的可能性大？

18. 一个工人负责维修10台同类型的机床，在一段时间内每台机床发生故障需要维修的概率为0.3，求

(1) 在这段时间内有2台至4台机床需要维修的概率；

(2) 在这段时间内至少有2台机床需要维修的概率。

19. 射击运动中，一次射击最多能得10环。设某运动员在一次射击中得10环的概率为0.4，得9环的概率为0.3，得8环的概率为0.2，求该运动员在五次独立射击中得到不少于48环的概率。

20. 空气被污染的主要原因来自工业和汽车排放的废气两方面。今后五年内能有效地控制这两种污染的概率分别是0.75和0.60。如果有一种被控制，则符合大气检测标准的概率为0.80。求

(1) 今后五年内空气污染被控制的概率多大？

(2) 如果五年后空气污染未被控制，问完全是由汽车造成污染的可能性多大？

(B)

1. 填空题

从数1,2,3,4 中任取一个数，记为 X，再从 $1,\cdots,X$ 中任取一个数，记为 Y，则 $P\{Y=2\}=$ _____。

2. 选择题

(1) 将一枚硬币独立地掷两次，引进事件：$A_1=\{$掷第一次出现正面$\}$，$A_2=\{$掷第二次出现正面$\}$，$A_3=\{$正、反面各出现一次$\}$，$A_4=\{$正面出现两次$\}$，则事件（　　）。

A. A_1,A_2,A_3 相互独立

B. A_2,A_3,A_4 相互独立

C. A_1,A_2,A_3 两两独立

D. A_2,A_3,A_4 两两独立

(2) 设事件 A 与事件 B 互不相容，则（　　）。

A. $P(\overline{A}\,\overline{B})=0$

B. $P(AB) = P(A)P(B)$
C. $P(A) = 1 - P(B)$
D. $P(\overline{A} \cup \overline{B}) = 1$

(3)某人向同一目标独立重复射击,每次射击命中目标的概率为 $p(0<p<1)$,则此人第 4 次射击恰好第 2 次命中目标的概率为( ).

A. $3p(1-p)^2$ B. $6p(1-p)^2$
C. $3p^2(1-p)^2$ D. $6p^2(1-p)^2$

(4)设随机事件 A 与 B 相互独立,且 $P(B)=0.5$,$P(A-B)=0.3$,求 $P(B-A)=$( ).

A. 0.1 B. 0.2
C. 0.3 D. 0.4

3. 设有来自三个地区的各 10 名、15 名和 25 名考生的报名表,其中女生的报名表分别为 3 份、7 份和 5 份. 随机地取一个地区的报名表,从中先后抽出两份.

(1)求先抽到的一份是女生表的概率 p;

(2)已知后抽到的一份是男生表,求先抽到的一份是女生表的概率 q.

4. 某人衣袋中有两枚硬币,一枚是均匀的,另一枚两面都是正面.

(1)如果他随机取一枚抛出,结果出现正面,则该枚硬币是均匀的概率为多少?

(2)如果他将这枚硬币又抛一次,又出现正面,则该枚硬币是均匀的概率为多少?

第 2 章
随机变量及其分布

上一章我们介绍了随机现象与随机事件的概念,讨论了随机事件的概率.为了全面地研究随机试验的结果,揭示随机现象的统计规律性,更好地分析和解决各种与随机现象有关的实际问题,有必要把随机试验的结果数量化,因此引入随机变量的概念.

2.1 随机变量的概念

随机变量是概率论与数理统计的一个重要概念,这是因为对于一个随机试验,我们所关心的往往是与所研究的问题有关的某个或某些量,而随机变量就是在试验的结果中能取得不同数值的量,它的数值是随试验的结果而定的,由于试验的结果是随机的,所以它的取值具有随机性.可以说,随机事件是从静态的观点来研究随机现象的,而随机变量则是一种动态的观点.随机事件与随机变量的区别就像高等数学中常量与变量的区别.

一般地,随机变量的定义如下.

定义 2-1 如果对于试验的样本空间中的每一个样本点 ω,变量 X 都有一个确定的实数值与之对应,则变量 X 是样本点 ω 的实函数,记作 $X=X(\omega)$,我们称这样的变量 X 为随机变量.随机变量是一种实值单值函数.

随机变量通常用英文大写字母 $X,Y,Z,\cdots$ 来表示.

【例 2-1】 任意抛掷一枚硬币,它有两个可能的结果:$\omega_1=\{\text{出现正面}\}$;$\omega_2=\{\text{出现反面}\}$.我们将试验的每一个结果用一个实数 X 来表示,例如,用"1"表示 ω_1,用"0"表示 ω_2.这样讨论试验结果时,就可以简单说成结果是数 1 或数 0.建立这种数量化的关系,实际上就相当于引入了一个变量 X,对于试验的两个结果 ω_1 和 ω_2,将 X 的值分别规定为 1 和 0,即

$$X=X(\omega)=\begin{cases}0, & \omega=\omega_2,\\ 1, & \omega=\omega_1.\end{cases}$$

这个随机变量 X 实际上就是表示在抛掷硬币的一次试验中正面向上的次数.可见这是样本空间 $\Omega=\{\omega_1,\omega_2\}$ 与实数子集 $\{0,1\}$ 之间的一种对应关系.

思考题 2.1：指出下列随机变量是离散型的还是连续型的：

（1）一张光盘上的伤痕个数；

（2）某药品的有效期；

（3）某地区的年降雨量；

（4）一台车床一天内发生的故障次数；

（5）一台拖拉机发生故障后的修理时间；

（6）某大公司一月内发生的重大事故次数；

（7）每升汽油可使小汽车行驶的里程；

（8）某台电视机从开始使用到首次需要维修的时间.

【例 2-2】 计算某电话站总机在时间区间 $(0,T)$ 内的呼唤次数，设为随机变量 Y，则样本空间为

$$\Omega = \{\omega_0, \omega_1, \omega_2, \cdots\},$$

则有

$$Y = i, \omega = \omega_i (i = 0, 1, 2, \cdots).$$

【例 2-3】 测量车床加工的零件的直径，设为随机变量 $Z(\mathrm{mm})$，则样本空间为

$$\Omega = \{\omega_x \mid a \leqslant x \leqslant b\},$$

则有

$$Z = x, \omega = \omega_x (a \leqslant x \leqslant b).$$

我们指出，在试验的结果中，随机变量 X 取得某一数值 x，记作 $X = x$，是一个随机事件；同样，随机变量 X 取得不大于实数 x 的值，记作 $X \leqslant x$，随机变量 X 取得区间 (x_1, x_2) 内的值，记作 $x_1 < X < x_2$，也都是随机事件.

按照随机变量可能取得的值，可以分为离散型随机变量和连续型随机变量两种类型.

如果随机变量 X 可能取得有限个或可列个数值，且它取每一个可能值均有确定的概率，则称 X 为**离散型随机变量**. 例如，一批产品中的次品数；放射性物质在一段时间内放射的粒子数等.

如果随机变量 X 可以取得某个区间（有限或无限）内的任何实数值，并且取得任一可能值 x_0 的概率等于零，则称 X 为**连续型随机变量**. 例如，车床加工的零件尺寸与规定尺寸的偏差；射击时击中点与目标中心的偏差等.

习题 2.1

1. 指出下列随机变量，哪些取离散的数值？哪些取值于某一区间？

（1）某机场一天降落的飞机数；

（2）某顾客排队等待服务的时间；

（3）全国 2018 年进校的男大学生的身高；

（4）一段时间间隔内某容器的细菌数.

2. 盒中装有大小相同的 10 个球，编号为 0, 1, 2, $\cdots$, 9，从中任取 1 球，观察号码"小于 5""大于 5""等于 5"的情况. 试定义一个随机变量来表示上述随机试验的结果，并写出该随机变量的可能取值及取每一特定值的概率.

2.2 离散型随机变量

2.2.1 离散型随机变量的定义

我们首先研究离散型随机变量的概率分布.

定义 2-2 随机变量 X 取得的一切可能值为 $x_1, x_2, \cdots, x_n, \cdots$,且取得这些值的概率分别为 $p(x_1), p(x_2), \cdots, p(x_n), \cdots$,则称 X 为离散型随机变量,把函数

$$p(x_i) = P(X = x_i) \ (i = 1, 2, \cdots, n) \tag{2-1}$$

称为离散型随机变量 X 的概率分布(或 X 的分布律或概率函数).

可以列出如下概率分布表:

X	x_1	x_2	$\cdots$	x_n	$\cdots$
$p(x_i)$	$p(x_1)$	$p(x_2)$	$\cdots$	$p(x_n)$	$\cdots$

概率分布 $p(x_i)$ 具有下列性质:

(1)概率函数是非负函数,即

$$p(x_i) \geqslant 0, \ (i = 1, 2, \cdots, n, \cdots).$$

(2)如果随机变量 X 可能取得有限个或可数无穷多个值,则

$$\sum_{i=1}^{n} p(x_i) = 1 \ \text{或} \ \sum_{i=1}^{+\infty} p(x_i) = 1.$$

例如,抛掷一枚硬币的试验,它有两个可能的结果: $\omega_1 = \{$出现正面$\}$; $\omega_2 = \{$出现反面$\}$. 我们将试验的每一个结果用一个实数 X 来表示,用"1"表示 ω_1,用"0"表示 ω_2,即

$$X = X(\omega) = \begin{cases} 0, & \omega = \omega_2, \\ 1, & \omega = \omega_1, \end{cases}$$

这是一个离散型的随机变量,随机变量 X 的概率分布为

$$P(X = 1) = p = \frac{1}{2}, P(X = 0) = 1 - p = \frac{1}{2}.$$

相应地写成表格形式为

X	0	1
$P(X = k)$	$\frac{1}{2}$	$\frac{1}{2}$

2.2.2 几个常用的离散型随机变量

1. 两点分布("0-1"分布)

定义 2-3 若离散型随机变量 X 的概率分布为

$$P(X = k) = p^k q^{1-k}, \tag{2-2}$$

其中 $k = 0, 1, 0 < p < 1, p + q = 1$,则称 X 服从参数为 p 的两点分布.

2. 二项分布

定义 2-4 若离散型随机变量 X 的概率分布为

$$P(X = k) = C_n^k p^k q^{n-k}, \tag{2-3}$$

其中 $k = 0, 1, \cdots, n, 0 < p < 1, p + q = 1$,则称 X 服从参数为 n, p 的二项分布,记作 $X \sim B(n, p)$.

【例 2-4】 一批种子的发芽率为 0.8,从中任取 10 粒做发芽试验,求(1)恰有 5 粒发芽的概率;(2)至少有 8 粒发芽的概率.

解 设 10 粒种子中发芽粒数为 X,则当 N 很大时,$n=10$ 相对于 N 很小,可按 X 近似地服从二项分布 $B(10,0.8)$ 计算.

(1) $P(X=5) = C_{10}^{5}(0.8)^5(0.2)^5 \approx 0.026$;

(2) $P(X \geqslant 8) = P(X=8) + P(X=9) + P(X=10)$
$= C_{10}^{8}(0.8)^8(0.2)^2 + C_{10}^{9}(0.8)^9(0.2)^1 + C_{10}^{10}(0.8)^{10}$
$\approx 0.302 + 0.268 + 0.107 = 0.677$.

3. 泊松分布

定义 2-5 若离散型随机变量 X 的概率分布为

$$P(X=k) = \frac{\lambda^k}{k!}e^{-\lambda}, \tag{2-4}$$

其中 $k=0,1,2,\cdots$,$\lambda>0$ 且为常数,则称 X 服从参数为 λ 的泊松分布,记为 $X \sim P(\lambda)$.

泊松分布是一种常见的分布,具有泊松分布的随机变量在实际应用中是很多的. 例如,某电话交换台在一段时间内接到电话呼唤的次数,某地区在一天内邮寄的信件数,到达公共汽车站的乘客数等,都服从或近似服从泊松分布.

需要指出的是,二项分布和泊松分布之间有一个重要的关系. 当 n 较大,p 较小,np 大小适中时,以 n,p 为参数的二项分布可近似地看成参数为 $\lambda (\lambda = np)$ 的泊松分布,这样就可以利用泊松分布对二项分布进行近似计算.

【例 2-5】 有 5 000 人参加某类人寿保险,若一年中每个受保人死亡的概率为 0.001,试求在未来的一年中至少有两个受保人死亡的概率.

解 用 X 表示 5 000 人参保者中一年内死亡的人数,则 $X \sim B(5\,000, 0.001)$. 所求概率为 $P(X \geqslant 2)$,显然直接利用二项分布计算 $P(X \geqslant 2)$ 是非常麻烦的.

注意到 $n=5000$ 较大,$p=0.001$ 较小,$np=5$ 大小适中,所以近似地有 $X \sim P(5)$. 于是

$$P(X \geqslant 2) = 1 - P(X=0) - P(X=1)$$
$$= 1 - \sum_{k=0}^{1} C_{5000}^{k} 0.001^k (1-0.001)^{5000-k}$$
$$\approx = 1 - 0.006\,738 - 0.033\,69$$
$$= 0.959\,572.$$

4. 几何分布

定义 2-6 若离散型随机变量 X 的概率分布为

$$P(X=k) = (1-p)^{k-1}p, \tag{2-5}$$

其中 $k=1,2,3,\cdots$，$0<p<1$，则称 X 服从参数为 p 的几何分布，记作 $X\sim G(p)$.

【例 2-6】 盒中有 1 个白球和 4 个黑球，每次从其中任取一球，每次取出的黑球仍放回去，直到取到白球为止，求取球次数的概率分布.

解 设取球次数为 X，其取值为 $k=1,2,3,\cdots$，则 $X\sim G\left(\dfrac{1}{5}\right)$，于是

$$P(X=k)=\left(1-\dfrac{1}{5}\right)^{k-1}\dfrac{1}{5}=\dfrac{4^{k-1}}{5^k}.$$

X	1	2	3	$\cdots$	k	$\cdots$
P	$\dfrac{1}{5}$	$\dfrac{4}{25}$	$\dfrac{16}{125}$	$\cdots$	$\dfrac{4^{k-1}}{5^k}$	$\cdots$

思考题 2.2：现有 5 把钥匙只有一把能打开锁. 如果某次打不开不扔掉，求以下事件的概率.
（1）第一次打开；
(2) 第二次打开；(3) 第三次打开.

5. 超几何分布

定义 2-7 若离散型随机变量 X 的概率函数为

$$P(X=k)=\dfrac{C_M^k C_{N-M}^{n-k}}{C_N^n}, \quad (2-6)$$

其中 $k=0,1,2,\cdots,l$，$l=\min\{n,M\}$，M,N,n 都是自然数，则称 X 服从参数为 M,N,n 的超几何分布，记作 $X\sim H(n,M,N)$.

【例 2-7】 一批产品共有 50 个，45 个是合格品，5 个是次品，从这批产品中任取 3 个，求取出 2 个次品的概率.

解 设 X 表示取出的次品数，则 $X\sim H(3,5,50)$. 于是

$$P(X=2)=\dfrac{C_5^2 C_{45}^1}{C_{50}^3}\approx 0.023\ 0.$$

习题 2.2

1. 200 件产品中，有 196 件是正品，4 件是次品，求从中随机地抽取一件是正品的概率分布.

2. 某篮球运动员投中篮圈的概率是 0.9，求他两次独立投篮投中次数 X 的概率分布.

3. 已知 100 件产品中有 5 件次品，现从中有放回地取 3 次，每次任取 1 件，求在所取的 3 件产品中恰有 2 件次品的概率.

4. 一大楼装有 5 个同类型的供水设备，调查表明，在任一时刻 t 每个设备被使用的概率为 0.1，问在同一时刻，
（1）恰有 2 个设备被使用的概率是多少？
（2）至少有 3 个设备被使用的概率是多少？
（3）至少有 1 个设备被使用的概率是多少？

5. 某城市每天发生火灾的次数 $X\sim P(\lambda)$，求该城市一天内发生 3 次或 3 次以上火灾的概率.

6. 某公司生产一种产品 300 件，根据历史生产记录知废品率为 0.01. 问现在这 300

件产品经检验废品数大于 5 的概率是多少?

7. 设试验成功的概率为 $\frac{3}{4}$,失败的概率为 $\frac{1}{4}$,独立重复试验直到成功三次为止,求所需试验次数的概率分布.

2.3 连续型随机变量

我们知道,连续型随机变量在试验的结果中可以取得某一区间内的任何数值,但当描述连续型随机变量 X 的分布时,我们不能把 X 的一切可能值排列起来,因为这些数值构成不可数的无穷集合. 设 x_0 是连续型随机变量 X 的任一可能值,与离散型随机变量的情形一样,事件 $X = x_0$ 是试验的基本事件,但是我们认为事件 $X = x_0$ 的概率等于零,虽然它不是不可能事件,也就是说,连续型随机变量 X 取得它的任一可能值 x_0 的概率等于零,即 $P(X = x_0) = 0$,我们把它理解为连续型随机变量固有的特性.

例如,测量某一零件的尺寸时,我们只能说测得零件尺寸与规定尺寸的偏差为 $+0.050\,001$ mm 的概率等于零. 因为区别零件尺寸与规定尺寸的偏差是 $+0.05$ mm 还是 $+0.050\,001$ mm 未必有任何现实意义. 因此,只有确知 X 取值于任一区间上的概率,才能掌握它取值的概率分布.

2.3.1 连续型随机变量的定义

定义 2-8 对于随机变量 X,如果存在非负可积函数 $f(x)$ ($-\infty < x < +\infty$),使得 X 取值于任一区间 (a,b) 的概率为

$$P(a < X < b) = \int_a^b f(x)\mathrm{d}x, \qquad (2\text{-}7)$$

则称 X 为连续型随机变量,并称 $f(x)$ 为 X 的概率密度.

由定积分的几何意义可知,$P(a < X < b)$ 从数值上刚好是由曲线 $y = f(x)$ 与 $x = a, x = b$ 及横轴所围成的面积.

概率密度 $f(x)$ 有下列性质:

(1) $f(x) \geqslant 0, -\infty < x < +\infty$;

(2) $\int_{-\infty}^{+\infty} f(x)\mathrm{d}x = 1$.

在几何上,性质(1)说明,概率密度曲线 $f(x)$ 位于 x 轴上方;性质(2)说明,介于概率密度曲线 $f(x)$ 与 x 轴之间的平面图形的面积等于 1.

【例 2-8】 设 X 的概率密度为

$$f(x) = \begin{cases} Ax^2, & 0 < x < 1, \\ 0, & \text{其他}, \end{cases}$$

(1) 确定常数 A;(2) 计算 $P(-1 < X < 0.5)$.

解 (1) 由 $\int_{-\infty}^{+\infty} f(x)\mathrm{d}x = 1$,得 $\int_0^1 Ax^2 \mathrm{d}x = 1$,解得 $A = 3$.

(2) $P(-1 < X < 0.5) = \int_{-1}^{0.5} f(x) dx = 0.125.$

2.3.2 几个常用的连续型随机变量

1. 均匀分布

定义 2-9 连续型随机变量 X 的概率密度为

$$f(x) = \begin{cases} \dfrac{1}{b-a}, & a \leq x \leq b, \\ 0, & \text{其他} \end{cases} \tag{2-8}$$

则称 X 服从区间 $[a,b]$ 上的均匀分布,记为 $X \sim U[a,b]$.

假定区间 $[c,d]$ 是区间 $[a,b]$ 的子区间,即 $[c,d] \subset [a,b]$,则在区间 $[a,b]$ 上服从均匀分布的随机变量 X 在区间 $[c,d]$ 上取值的概率为

$$P(c \leq X \leq d) = \int_c^d \frac{1}{b-a} dx = \frac{d-c}{b-a}.$$

上式表明,X 落在区间 $[a,b]$ 中任一子区间上的概率与子区间的长度成正比,而与子区间的位置无关,故 X 落在等长度的各子区间上的可能性是相等的. 这就是均匀分布的概率意义.

均匀分布是一种常见的分布. 均匀分布常见于下列情形:例如,计算中四舍五入所造成的误差;乘客在公共汽车站上的等待时间等.

【例 2-9】 在某路公交车的起点站上,每隔 5 分钟发出一辆车,一个外地游客在某 5 分钟的任一时刻到达起点站的可能性都一样. 求(1)游客候车时间(单位:min)的概率密度;(2)游客候车时间不超过两分钟的概率.

解 (1)依题意,X 服从 $[0,5]$ 上的均匀分布,其概率密度为

$$f(x) = \begin{cases} 0.2, & 0 \leq x \leq 5, \\ 0, & \text{其他}. \end{cases}$$

(2) $P(0 \leq X \leq 2) = \int_0^2 0.2 dx = 0.4.$

2. 指数分布

定义 2-10 若连续型随机变量 X 的概率密度为

$$f(x) = \begin{cases} \lambda e^{-\lambda x}, & x > 0, \\ 0, & x \leq 0, \end{cases} \tag{2-9}$$

其中 $\lambda > 0$ 且为参数,这种分布称为指数分布.

指数分布有着极重要的应用. 在实践中,对于到某个特定事件发生所需要等待的时间往往看作是近似服从指数分布的. 如随机服务系统中的服务时间、电话的通话时间、保险公司收到两次索赔的间隔时间、某些消耗性产品(电子原件等)的寿命及某些生物的寿命等,都常被假定服从指数分布.

【例 2-10】 设某电子原件的寿命 X 服从指数分布,其概率密度为

$$f(x) = \begin{cases} \dfrac{1}{1000}e^{-\frac{x}{1000}}, & x > 0, \\ 0, & x \leqslant 0, \end{cases}$$

若一台仪器中装有三个这样的元件,其中一件损坏,整机将停止工作,求该机器工作 1000 小时以上的概率.

解 就一个元件而言,工作到 1000 小时以上的概率为

$$P(X > 1000) = \int_{1000}^{+\infty} f(x)\,\mathrm{d}x = \int_{1000}^{+\infty} \dfrac{1}{1000}e^{-\frac{x}{1000}}\,\mathrm{d}x = e^{-1}.$$

由于机器装有三个这样的元件,各元件寿命相互独立,再以 A 表示"该机器工作 1000 小时以上",则有

$$P(A) = [P(X > 1000)]^3 = e^{-3} \approx 0.05.$$

思考题 2.3:已知随机变量 X 服从参数为 λ 的指数分布,且 X 落入区间 $(1,3)$ 内的概率达到最大,试求未知参数 λ.

3. 正态分布

定义 2-11 若连续型随机变量 X 的概率密度为

$$f(x) = \dfrac{1}{\sqrt{2\pi}\sigma} e^{-\frac{(x-\mu)^2}{2\sigma^2}}, \quad -\infty < x < +\infty, \tag{2-10}$$

其中 μ、σ 是常数,且 $\sigma > 0$,这种分布称为正态分布(或高斯分布),记作 $N(\mu,\sigma^2)$. 如果 X 服从正态分布 $N(\mu,\sigma^2)$,记作 $X \sim N(\mu,\sigma^2)$. 特别地,当 $\mu = 0, \sigma = 1$ 时,得到正态分布 $N(0,1)$,称为标准正态分布,概率密度记作

$$\varphi(x) = \dfrac{1}{\sqrt{2\pi}} e^{-\frac{x^2}{2}}, \quad -\infty < x < +\infty, \tag{2-11}$$

正态分布的分布曲线如图 2-1 所示.

正态分布的概率密度 $f(x)$ 的图形呈钟形. 分布曲线对称于 $x = \mu$(为偶函数);在 $x = \mu$ 处达到极大值,等于 $\dfrac{1}{\sqrt{2\pi}\sigma}$(一阶导数);在 $x = \mu \pm \sigma$ 处有拐点(二阶导数);当 $x \to \infty$ 时,曲线以 x 轴为其渐近线.

置换积分变量 $\dfrac{x-\mu}{\sigma} = t$,并且利用反常积分 $\int_0^{+\infty} e^{-\frac{t^2}{2}}\,\mathrm{d}t = \sqrt{\dfrac{\pi}{2}}$ 得

$$\int_{-\infty}^{+\infty} \varphi(x)\,\mathrm{d}x = \dfrac{1}{\sqrt{2\pi}} \int_{-\infty}^{+\infty} e^{-\frac{t^2}{2}}\,\mathrm{d}t = \boxed{},$$

说明概率密度曲线与 x 轴所围的面积等于 1.

如果改变参数 μ 的值,则分布曲线沿着 x 轴平行移动而不改变其形状;如果 μ 的值固定不变,则当参数 σ 的值减小时,曲线在中心部分的纵坐标增大,而两侧很快趋近于 x 轴. 反之,σ 的值增大,曲线将趋于平坦.

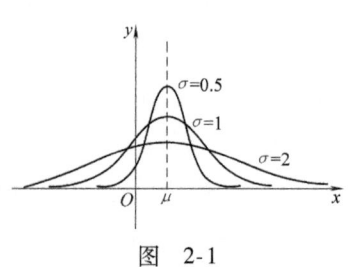

图 2-1

习题 2.3

1. 设 X 的概率密度为
$$f(x)=\begin{cases}kx, & 0\leqslant x<3,\\ 2-\dfrac{x}{2}, & 3\leqslant x\leqslant 4,\\ 0, & \text{其他},\end{cases}$$
求(1)系数 k;(2)$P\left(1.5<X\leqslant\dfrac{7}{2}\right)$.

2. 设 X 的概率密度为
$$f(x)=A\mathrm{e}^{-|x|},\ -\infty<x<+\infty,$$
求(1)系数 A;(2)X 在区间 $(0,1)$ 内取值的概率.

3. 已知连续型随机变量 X 的概率密度为
$$f(x)=\begin{cases}kx+b, & 1<x<3,\\ 0, & \text{其他},\end{cases}$$
并且 X 在区间 $(2,3)$ 内取值的概率是它在区间 $(1,2)$ 内取值概率的两倍,求(1)系数 k 和 b;(2)$P(1.5<X<2.5)$.

4. 设随机变量 X 在 $[2,5]$ 上服从均匀分布,先对 X 进行 3 次独立观测,求至少有两次观测值大于 3 的概率.

5. 相继两次煤矿事故的间隔时间为随机变量 X(单位:d),已知其服从 $\lambda=0.1$ 的指数分布,求发生两次煤矿事故的间隔时间在 9 天内的概率.

6. 某保险丝的寿命(单位:h)为随机变量 X.已知其概率密度为
$$f(x)=\begin{cases}\dfrac{100}{x^2}, & x>100,\\ 0, & x\leqslant 100,\end{cases}$$
试求(1)保险丝寿命在 $50\sim200\mathrm{h}$ 之间的概率;(2)保险丝寿命超过 $500\mathrm{h}$ 的概率.

7. 设随机变量 ξ 服从参数为 1 的指数分布,求方程
$$4x^2+4\xi x+\xi+2=0$$
无实根的概率.

2.4 随机变量的分布函数

前面我们用分布律刻画了离散型随机变量的分布,用概率密度讨论了连续型随机变量的分布.为了从数学上对离散型随机变量与连续型随机变量进行统一的研究,我们引入了分布函数的概念.

定义 2-12 设 x 是任何实数,对随机变量 X 取得的值不大于 x 的概率,即事件 $X\leqslant x$ 的概率,也就是 X 落在 x 左侧的概率,它是 x 的函数,记作
$$F(x)=P(X\leqslant x),\tag{2-12}$$
这个函数称为随机变量 X 的概率分布函数或分布函数.

已知随机变量 X 的分布函数 $F(x)$,易知随机变量 X 落在半开区间 $(x_1,x_2]$ 内的概率为
$$P(x_1<X\leqslant x_2)=F(x_2)-F(x_1),\tag{2-13}$$
同时,随机变量 X 落在 $(x,+\infty)$ 内的概率为
$$P(X>x)=1-P(X\leqslant x)=1-F(x).\tag{2-14}$$
现在研究分布函数的性质:
(1)有界性:任何事件的概率都是介于 0 与 1 之间的数,所以随

机变量的分布函数 $F(x)$ 的值总在 0 与 1 之间,即
$$0 \leqslant F(x) \leqslant 1.$$

(2) 单调性:因为概率不能为负,所以
$$P(x_1 < X \leqslant x_2) = F(x_2) - F(x_1) \geqslant 0,$$
即
$$F(x_1) \leqslant F(x_2) \quad (x_1 < x_2),$$
故分布函数 $F(x)$ 是非减函数.

(3) 如果随机变量 X 的一切可能值都位于区间 $[a,b]$ 内,则当 $x < a$ 时,事件 $X \leqslant x$ 是不可能事件,有
$$F(x) = 0, x < a,$$
而当 $x \geqslant b$ 时,事件 $X \leqslant x$ 是必然事件,有
$$F(x) = 1, x \geqslant b.$$
一般情况下,随机变量可以取得任何实数值时,有
$$F(-\infty) = \lim_{x \to -\infty} F(x) = 0 \; 及 \; F(+\infty) = \lim_{x \to +\infty} F(x) = 1.$$
对于离散型随机变量,按概率加法定理有
$$F(x) = P(X \leqslant x) = \sum_{x_i \leqslant x} P(X = x_i) = \sum_{x_i \leqslant x} P(x_i), \quad (2\text{-}15)$$
这里,和式是对不大于 x 的一切 x_i 求和,其分布函数可以写成分段函数形式
$$F(x) = \begin{cases} 0, & x < x_1, \\ p_1, & x_1 \leqslant x < x_2, \\ p_1 + p_2, & x_2 \leqslant x < x_3, \\ \vdots & \vdots \\ 1, & x \geqslant x_n. \end{cases}$$

对于连续型随机变量,其分布函数为
$$F(x) = P(X \leqslant x) = P(-\infty < X \leqslant x) = \int_{-\infty}^{x} f(t) \mathrm{d}t, \tag{2-16}$$

即 $F(x)$ 是 $f(x)$ 在区间 $(-\infty, x]$ 上的积分值, $f(x)$ 是 $F(x)$ 的导数.

【例 2-11】 设 X 服从两点分布,即
$$P(X = k) = p^k q^{1-k},$$
其中 $k = 0, 1, 0 < p < 1, p + q = 1$,其分布函数为
$$F(x) = \begin{cases} 0, & x < 0, \\ 1 - p, & 0 \leqslant x < 1, \\ 1, & x \geqslant 1, \end{cases}$$
其图形为阶梯形,如图 2-2 所示.

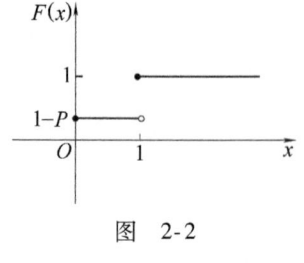

图 2-2

【例 2-12】 设 X 服从均匀分布,其概率密度为
$$f(x) = \begin{cases} \dfrac{1}{b-a}, & a \leqslant x \leqslant b, \\ 0, & 其他, \end{cases}$$

其分布函数为

$$F(x) = \begin{cases} 0, & x < a, \\ \dfrac{x-a}{b-a}, & a \leq x < b, \\ 1, & x \geq b, \end{cases}$$

其图形是一条连续的曲线,如图 2-3 所示.

下面介绍正态分布分布函数的一些性质.

正态分布 $N(\mu, \sigma^2)$ 的分布函数为

$$F(x) = \frac{1}{\sqrt{2\pi}\sigma} \int_{-\infty}^{x} e^{-\frac{(x-\mu)^2}{2\sigma^2}} dx, \qquad (2\text{-}17)$$

现在计算服从正态分布 $N(\mu, \sigma^2)$ 的随机变量 X 落在区间 (x_1, x_2) 内的概率.

$$P(x_1 < X < x_2) = \frac{1}{\sqrt{2\pi}\sigma} \int_{x_1}^{x_2} e^{-\frac{(x-\mu)^2}{2\sigma^2}} dx,$$

置换变量 $\dfrac{x-\mu}{\sigma} = t$,则

$$P(x_1 < X < x_2) = \frac{1}{\sqrt{2\pi}} \int_{\frac{x_1-\mu}{\sigma}}^{\frac{x_2-\mu}{\sigma}} e^{-\frac{t^2}{2}} dt,$$

引进函数

$$\Phi(x) = \frac{1}{\sqrt{2\pi}} \int_{-\infty}^{x} e^{-\frac{t^2}{2}} dt,$$

则

$$P(x_1 < X < x_2) = \Phi\left(\frac{x_2-\mu}{\sigma}\right) - \Phi\left(\frac{x_1-\mu}{\sigma}\right). \qquad (2\text{-}18)$$

显然,函数 $\Phi(x)$ 就是标准正态分布的分布函数,它具有下列性质:

(1) $\Phi(0) = 0.5$;
(2) $\Phi(+\infty) = 1$;
(3) $\Phi(-x) = 1 - \Phi(x)$.

定理 2-1 设 $X \sim N(\mu, \sigma^2)$,则

$$Y = \frac{X-\mu}{\sigma} \sim N(0,1).$$

证明 因为 $Y = \dfrac{X-\mu}{\sigma}$ 的分布函数为

$$P(Y \leq x) = P\left(\frac{X-\mu}{\sigma} \leq x\right) = P(X \leq \mu + \sigma x)$$

$$= \boxed{}$$

设 $u = \dfrac{t-\mu}{\sigma}$,于是

思考题 2.4:设连续随机变量 X 的概率密度 $f(x) = \dfrac{1}{\pi(1+x^2)}$, $-\infty < x < +\infty$. 求随机变量 X 的分布函数.

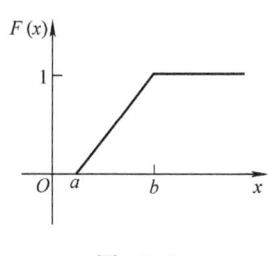

图 2-3

$$P(Y \leq x) = \frac{1}{\sqrt{2\pi}} \int_{-\infty}^{x} e^{-\frac{u^2}{2}} du = \Phi(x),$$

所以,

$$Y = \frac{X - \mu}{\sigma} \sim \boxed{}$$

标准正态分布的重要性在于,任何一个一般的正态分布都可以通过线性变换转化为标准正态分布.

【例 2-13】 设随机变量 X 服从正态分布 $N(\mu, \sigma^2)$,求 X 落在区间 $(\mu - k\sigma, \mu + k\sigma)$ 内的概率,$k = 1, 2, 3, \cdots$.

解 $P(|X - \mu| < k\sigma) = P(\mu - k\sigma < X < \mu + k\sigma)$

$$= \Phi\left(\frac{\mu + k\sigma - \mu}{\sigma}\right) - \Phi\left(\frac{\mu - k\sigma - \mu}{\sigma}\right)$$
$$= \Phi(k) - \Phi(-k)$$
$$= 2\Phi(k) - 1, k = 1, 2, 3, \cdots,$$

查附录表,得

$$P(|X - \mu| < \sigma) = 2\Phi(1) - 1 = 0.6826,$$
$$P(|X - \mu| < 2\sigma) = 2\Phi(2) - 1 = 0.9544,$$
$$P(|X - \mu| < 3\sigma) = 2\Phi(3) - 1 = 0.9973,$$

由例 2-13 得到的结果可知,如果随机变量 X 服从正态分布 $N(\mu, \sigma^2)$,则有

$$P(|X - \mu| \geq 3\sigma) = 1 - P(|X - \mu| < 3\sigma)$$
$$= 1 - 0.9973 = 0.0027 < 0.003.$$

由此可见,随机变量 X 落在区间 $(\mu - 3\sigma, \mu + 3\sigma)$ 之外的概率小于 0.3%,这一概率是很小的,我们常把区间 $(\mu - 3\sigma, \mu + 3\sigma)$ 看作是随机变量 X 实际可能的取值区间,这一原理称为"三倍标准差原理"(或"3σ 法则").

【例 2-14】 乘汽车从某市的一所大学到火车站,有两条路线可走:第一条路线较短,但交通拥堵,所需时间(单位:min)服从正态分布 $N(50, 10^2)$;第二条路线较长,但较通畅,所需时间服从正态分布 $N(60, 4^2)$.问:如有 65 分钟可利用,应走哪一条路线?

解 设 X 为行车时间,如有 65 分钟可利用,走第一条路线,$X \sim N(50, 10^2)$,及时赶到的概率为

$$P(X \leq 65) = \Phi\left(\frac{65 - 50}{10}\right) = \Phi(1.5) = 0.9332.$$

走第二条路线,$X \sim N(60, 4^2)$,及时赶到的概率为

$$P(X \leq 65) = \Phi\left(\frac{65 - 60}{4}\right) = \Phi(1.25) = 0.8944.$$

显然,应走概率大的第一条路线.

习题 2.4

1. 设随机变量 X 的概率分布为

X	0	1	2
P	$\frac{1}{3}$	$\frac{1}{6}$	$\frac{1}{2}$

(1) 求 X 的分布函数 $F(x)$；(2) 画出 $F(x)$ 的图像.

2. 设随机变量的分布函数为
$$F(x) = \begin{cases} 0, & x<1, \\ \dfrac{9}{19}, & 1 \leqslant x < 2, \\ \dfrac{15}{19}, & 2 \leqslant x < 3, \\ 1, & x \geqslant 3, \end{cases}$$
求 X 的概率分布.

3. 设随机变量 X 的分布函数为 $F(x) = A + B\arctan x$，求 (1) 系数 A, B；(2) X 落在 $(-1, 1]$ 内的概率；(3) 随机变量 X 的概率密度.

4. 设随机变量的分布函数为
$$F(x) = \begin{cases} 0, & x \leqslant 0, \\ x^2, & 0 < x < 1, \\ 1, & x \geqslant 1, \end{cases}$$
求 (1) $P(0.3 < X < 0.7)$；(2) 随机变量 X 的概率密度.

5. 设 X 的分布函数为
$$F(x) = \begin{cases} 0, & x < 0 \\ \dfrac{x}{2}, & 0 \leqslant x \leqslant 1, \\ x - \dfrac{1}{2}, & 1 \leqslant x < 1.5, \\ 1, & x \geqslant 1.5, \end{cases}$$
求 $P(0.4 < X \leqslant 1.3)$, $P(X > 0.5)$.

6. 设随机变量 X 服从标准正态分布 $N(0,1)$，求下列概率：
(1) $P(X \leqslant 2.4)$；   (2) $P(X > 0.8)$；
(3) $P(|X| < 1.5)$； (4) $P(|X| > 2)$.

7. 设 $X \sim N(3, 4)$，求 $P(-1 < X < 4)$ 和 $P(X \geqslant 2)$.

8. 根据统计资料，中国男性的身高 $x \sim N(1.75, 0.05^2)$，问：公共汽车的门至少需要多高，才能使得上下车时需要低头的男子不超过 0.5%？

2.5 随机变量函数的分布

设 X 是一个随机变量，$y = g(x)$ 是某个实值函数（一般指 g 是连续函数），则 $Y = g(X)$ 也是一个随机变量. 显然 Y 是 X 的函数，我们关心的是 Y 的分布，自然会想到能否用自变量 X 的分布来描述随机变量函数 $Y = g(X)$ 的分布. 下面就分两种情形加以研究.

2.5.1 离散型随机变量函数的分布

离散型随机变量的函数，必然还是离散型随机变量，我们要研究的问题是：如何根据 X 的概率分布，求出 $Y = g(X)$ 的概率分布.

设随机变量 X 的概率分布为

X	x_1	x_2	$\cdots$	x_n	$\cdots$
$p(x_i)$	$p(x_1)$	$p(x_2)$	$\cdots$	$p(x_n)$	$\cdots$

为了求随机变量函数 $Y = g(X)$ 的概率分布,应当先写出下面的表:

$Y = g(X)$	y_1	y_2	…	y_n	…
$P(Y = y_i)$	$p(x_1)$	$p(x_2)$	…	$p(x_n)$	…

如果 $y_1, y_2, \cdots, y_n, \cdots$ 的值全不相等,则上表就是随机变量函数 Y 的概率分布表;但是,如果 $y_1, y_2, \cdots, y_n, \cdots$ 的值中有相等的,则应把那些相等的值分别合并起来,并根据概率加法定理把对应的概率相加,方能得到随机变量函数 Y 的概率分布.

【例 2-15】 设随机变量 X 的概率分布为

X	-2	-1	0	1	2	3
$p(x_i)$	0.10	0.20	0.25	0.20	0.15	0.10

求(1)随机变量 $Y_1 = -2X$ 的概率分布;(2)随机变量 $Y_2 = X^2$ 的概率分布.

解 (1) 先写出下面的表:

$Y_1 = -2X$	4	2	0	-2	-4	-6
$P(Y_1 = y_i)$	0.10	0.20	0.25	0.20	0.15	0.10

在概率分布表中,通常是把随机变量的可能值按由小到大的顺序排列,所以整理得随机变量 Y_1 的概率分布表如下:

Y_1	-6	-4	-2	0	2	4
$p(y_i)$	0.10	0.15	0.20	0.25	0.20	0.10

(2) 先写出下面的表:

$Y_2 = X^2$	4	1	0	1	4	9
$P(Y_2 = y_i)$	0.10	0.20	0.25	0.20	0.15	0.10

把 $Y_2 = 1$ 的两个概率、$Y_2 = 4$ 的两个概率分别相加,整理得随机变量 Y_2 的概率分布表如下:

Y_2	0	1	4	9
$p(y_i)$	0.25	0.40	0.25	0.10

【例 2-16】 设随机变量 X 的概率分布为

$$p(x) = \frac{1}{2^x}, x = 1, 2, \cdots, n, \cdots,$$

求随机变量函数 $Y = \sin\left(\frac{\pi}{2}X\right)$ 的概率分布.

解 因为
$$\sin\left(\frac{n\pi}{2}\right) = \begin{cases} -1, & n = 4k-1, \\ 1, & n = 4k-3, k = 1,2,3,\cdots, \\ 0, & n = 2k, \end{cases}$$

所以,函数 $Y = \sin\left(\frac{\pi}{2}X\right)$ 只有三个可能值 $-1,0,1$;而取得这些值的概率分别是:

$$p(-1) = \frac{1}{2^3} + \frac{1}{2^7} + \frac{1}{2^{11}} + \cdots = \frac{1}{8\left(1 - \frac{1}{16}\right)} = \frac{2}{15},$$

$$p(0) = \frac{1}{2^2} + \frac{1}{2^4} + \frac{1}{2^6} + \cdots = \frac{1}{4\left(1 - \frac{1}{4}\right)} = \frac{1}{3},$$

$$p(1) = \frac{1}{2} + \frac{1}{2^5} + \frac{1}{2^9} + \cdots = \frac{1}{2\left(1 - \frac{1}{16}\right)} = \frac{8}{15}.$$

于是得到 Y 的概率分布为

Y	-1	0	1
P	$\frac{2}{15}$	$\frac{1}{3}$	$\frac{8}{15}$

2.5.2 连续型随机变量函数的分布

一般地,设随机变量 X 的概率密度为 $f_X(x)$,并假定 $y = g(x)$ 及其一阶导数是连续函数,则 $Y = g(X)$ 是连续型随机变量,Y 的概率密度 $f_Y(y)$ 可求得如下.

(1) 先求出 $Y = g(X)$ 的分布函数 $F_Y(y)$,
$$F_Y(y) = P(Y \leq y) = P(X \in C_y),$$
其中 $C_y = \{x \mid g(x) \leq y\}$,而 $P(X \in C_y)$ 常常可由 X 的分布函数 $F_X(x)$ 来表达或写成 $\int_{C_y} f_X(x) \mathrm{d}x$.

(2) 然后 $F_Y(y)$ 对 y 求导数,即得 $Y = g(X)$ 的概率密度 $f_Y(y)$.

【例 2-17】 已知 X 的概率密度为 $f_X(x)$,求 $Y = X^2$ 的概率密度 $f_Y(y)$.

解 设 X,Y 的分布函数分别为 $F_X(x), F_Y(y)$,当 $y \leq 0$ 时,有
$$F_Y(y) = P(Y \leq y) = P(X^2 \leq y) = 0,$$
当 $y > 0$ 时,有
$$F_Y(y) = P(Y \leq y) = P(X^2 \leq y) = P(-\sqrt{y} \leq X \leq \sqrt{y}) = F_X(\sqrt{y}) - F_X(-\sqrt{y}),$$
于是,Y 的概率密度为

【例2-18】 设随机变量 $X \sim f(x)$，$Y=2X+5$，求随机变量 Y 的概率密度 $f_Y(y)$，其中

$$f_X(x) = \frac{1}{\pi(1+x^2)} \quad (-\infty < x < +\infty).$$

思考题2.5：设随机变量 X 服从标准正态分布 $N(0,1)$，试求 $Y=X^2$ 的分布.

解 首先，将 Y 的分布函数 $F_Y(y)$ 通过 X 的分布函数 $F_X(x)$ 表出，即

$$F_Y(y) = P(Y \leq y) = P(2X+5 \leq y) = P\left(X \leq \frac{y-5}{2}\right) = F_X\left(\frac{y-5}{2}\right),$$

进一步求出 Y 的概率密度，则

$$f_Y(y) = \frac{\mathrm{d}}{\mathrm{d}y} F_Y(y) = \frac{\mathrm{d}}{\mathrm{d}y} F_X\left(\frac{y-5}{2}\right) = \frac{\mathrm{d}F_X\left(\frac{y-5}{2}\right)}{\mathrm{d}\left(\frac{y-5}{2}\right)} \cdot \frac{\mathrm{d}\left(\frac{y-5}{2}\right)}{\mathrm{d}y}$$

$$= \frac{1}{2} f_X\left(\frac{y-5}{2}\right) = \frac{2}{\pi[4+(y-5)^2]} \quad (-\infty < y < +\infty).$$

习题2.5

1. 设随机变量 X 的概率分布为

X	-2	-1	0	1	3
P	$\frac{1}{5}$	$\frac{1}{6}$	$\frac{1}{5}$	$\frac{1}{15}$	$\frac{11}{30}$

求随机变量 $Y=2X+1$ 的概率分布.

2. 设随机变量 X 的概率分布为

X	0	$\frac{\pi}{2}$	π
P	$\frac{1}{4}$	$\frac{1}{2}$	$\frac{1}{4}$

求 (1) $Y = 2X - \pi$；(2) $Y = \cos X$ 的概率分布.

3. 设随机变量 X 的概率密度

$$f_X(x) = \begin{cases} \frac{x}{8}, & 0 < x < 4, \\ 0, & 其他, \end{cases}$$

求 $Y = 2X+8$ 的概率密度.

4. 设随机变量 $X \sim N(0,1)$，$Y = \mathrm{e}^X$，求 Y 的概率密度.

5. 设随机变量 X 的概率密度

$$f_X(x) = \begin{cases} \mathrm{e}^{-x}, & x > 0, \\ 0, & 其他, \end{cases}$$

求随机变量函数 $Y = X^2$ 的概率密度.

6. 设 X 是在 $[0,1]$ 上取值的连续型随机变量，且 $P(X \leq 0.29) = 0.75$. 如果 $Y = 1 - X$，试确定 k，使得 $P(Y \leq k) = 0.25$.

总习题2

(A)

1. 选择题

（1）函数 $y = \sin x$ 在（ ）范围内取值可作为一个连续型随机变量的概率密度.

A. $\left[0, \frac{\pi}{2}\right]$ B. $[0, \pi]$ C. $\left[0, \frac{3\pi}{2}\right]$ D. $\left[\frac{\pi}{4}, \pi\right]$

（2）设随机变量 X 的概率密度为 $f(x) = \begin{cases} \frac{k}{1+x^2}, & 0 \leq x \leq 1, \\ 0, & 其他, \end{cases}$ 那么 $k = $（ ）.

A. $\ln 2$ B. $\dfrac{1}{\ln 2}$ C. $\dfrac{\pi}{4}$ D. $\dfrac{4}{\pi}$

(3) 设随机变量 X 与 Y 均服从正态分布，$X \sim N(\mu, 4^2)$，$Y \sim N(\mu, 5^2)$；记 $p_1 = P(X \leqslant \mu - 4)$，$p_2 = P(Y \geqslant \mu + 5)$，则（　　）.

A. 对任何实数 μ，都有 $p_1 = p_2$
B. 对任何实数 μ，都有 $p_1 < p_2$
C. 只对 μ 的个别值，才有 $p_1 = p_2$
D. 对任何实数 μ，都有 $p_1 > p_2$

(4) 设随机变量 X 服从正态分布 $N(\mu, \sigma^2)$，则随着 σ 的增大，概率 $P(|X - \mu| < \sigma)$（　　）.

A. 单调增加　　B. 单调减少
C. 保持不变　　D. 非单调变化

(5) 连续型随机变量 X 的分布函数

$$F(x) = \begin{cases} a + be^{-x}, & x \geqslant 0, \\ 0, & x < 0, \end{cases}$$

则其中的常数 a 和 b 为（　　）.

A. $\begin{cases} a = 1 \\ b = 1 \end{cases}$　　B. $\begin{cases} a = 1 \\ b = -1 \end{cases}$

C. $\begin{cases} a = -1 \\ b = 1 \end{cases}$　　D. $\begin{cases} a = 0 \\ b = 1 \end{cases}$

(6) 设服从标准正态分布的随机变量 X 的概率密度为 $f(x)$，$F(x)$ 为 X 的分布函数，则对任意实数 a，有（　　）.

A. $F(-a) = 1 - \int_0^{+\infty} f(x)\,dx$

B. $F(-a) = \dfrac{1}{2} - \int_0^{a} f(x)\,dx$

C. $F(-a) = F(a)$

D. $F(-a) = 2F(a) - 1$

2. 填空题

(1) 若随机变量 Y 在 $(1,6)$ 上服从均匀分布，则方程 $x^2 + Yx + 1 = 0$ 有实根的概率是_____.

(2) 设随机变量 X 服从正态分布 $N(\mu, \sigma^2)$（$\sigma > 0$），若 $P(X > 4) = \dfrac{1}{2}$，则 $\mu = $_____.

(3) 已知随机变量 X 只能取 $-1, 0, 1, 2$ 四个值，取这四个值的概率依次为 $\dfrac{1}{2c}, \dfrac{3}{4c}, \dfrac{5}{8c}$，$\dfrac{7}{16c}$，则 $P(X < 1 \mid X \neq 0) = $_____.

(4) 设 $X \sim B(3, 0.4)$，令 $Y = \dfrac{X(3 - X)}{2}$，则 $P(Y = 1) = $_____.

(5) 设 X 服从参数为 λ 的泊松分布，且 $P(X = 1) = P(X = 2)$，则概率 $P(0 < X^2 < 3) = $_____.

3. 设随机变量 X 的概率分布为
$$P(X = k) = \dfrac{a}{N},\ k = 1, 2, \cdots, N,$$
试确定常数 a.

4. 一箱中装有 6 个产品，其中有 2 个是二等品，现从中随机地取出 3 个，求取出的二等品个数 X 的概率分布.

5. 某血库急需 AB 型血，需从献血者中寻找. 根据经验，每 100 个献血者中只能找到 2 名身体合格的 AB 型血的人，今对献血者一个接一个进行化验，用 X 表示在第一次找到合格的 AB 型血献血者时化验的总人数，求 X 的概率分布.

6. 某保险公司的客户中，有 2 500 个同一年龄的人参加了人寿保险. 在同一年中每个人死亡的概率是 0.002，每个参加保险的人在 1 月 1 日支付 12 元保险费，而在死亡时保险公司向其家属支付 2000 元，求（1）保险公司亏本概率是多少？（2）保险公司获利不少于 10 000 元和 20 000 元的概率分别是多少？

7. 设随机变量 X 服从 (a, b)（$a > 0$）上的均匀分布，且 $P(0 < X < 3) = \dfrac{1}{4}$，$P(X > 4) = \dfrac{1}{2}$，求 X 的概率密度.

8. 设随机变量 X 的概率密度为
$$f(x) = \begin{cases} 4x^3, & 0 < x < 1, \\ 0, & 其他, \end{cases}$$
(1) 求常数 a，使 $P(X > a) = P(X < a)$；(2) 求常数 b，使 $P(X > b) = 0.05$.

9. 某公共汽车站从上午 7 时起，每 15 分钟来一班车,即 7:00,7:15,7:30,7:45 等时刻有汽车到达此站. 如果某乘客在 7:00 到 7:30 之间到达此站的可能性是一样的,求他候车时间少于 5 分钟的概率.

10. 设随机变量 X 的分布函数为
$$F(x) = P(X \leq x) = \begin{cases} 0, & x < -1, \\ 0.4, & -1 \leq x < 1, \\ 0.8, & 1 \leq x < 3, \\ 1, & x \geq 3, \end{cases}$$
求 X 的分布律.

11. 设随机变量 X 的概率密度为
$$f(x) = \begin{cases} A\cos x, & |x| \leq \frac{\pi}{2}, \\ 0, & |x| > \frac{\pi}{2}, \end{cases}$$
求(1) 常数 A;(2) X 落在 $\left(0, \frac{\pi}{4}\right)$ 内的概率;(3) 分布函数 $F(x)$.

12. 某工厂生产一种斜拉桥钢索,拉断强度服从正态分布,参数为 $\mu = 5.72\text{t/cm}^2, \sigma = 0.50\text{t/cm}^2$. 某大桥根据设计要求,需要采用拉断强度不少于 4.2t/cm^2 的钢索,如果大桥所用钢索合格率在 99.8% 以上,则认为是安全的. 问:该大桥能否使用此工厂生产的斜拉桥钢索?

13. 设随机变量 X 的概率密度为
$$f_X(x) = \begin{cases} 2x, & 0 \leq x \leq 1, \\ 0, & 其他, \end{cases}$$
求 $Y = X^2$ 的概率密度.

14. 设随机变量 $X \sim N(0,1)$,求 $Y = |X|$ 的概率密度.

15. 假设随机变量 X 服从参数为 2 的指数分布,证明:$Y = 1 - e^{-2X}$ 在区间 $(0,1)$ 上服从均匀分布.

(B)

1. 选择题

(1) 设 $F_1(x)$ 与 $F_2(x)$ 分别为随机变量 X_1 与 X_2 的分布函数. 为使 $F(x) = aF_1(x) - bF_2(x)$ 是某一随机变量的分布函数,在下列给定的各组数值中应取( ).

A. $a = \dfrac{3}{5}, b = -\dfrac{2}{5}$ B. $a = \dfrac{2}{3}, b = \dfrac{2}{3}$

C. $a = -\dfrac{1}{2}, b = \dfrac{3}{2}$ D. $a = \dfrac{1}{2}, b = -\dfrac{3}{2}$

(2) 设随机变量 X 服从正态分布 $N(\mu_1, \sigma_1^2)$,Y 服从正态分布 $N(\mu_2, \sigma_2^2)$,且 $P(|X - \mu_1| < 1) > P(|Y - \mu_2| < 1)$,则必有( ).

A. $\sigma_1 < \sigma_2$ B. $\sigma_1 > \sigma_2$
C. $\mu_1 < \mu_2$ D. $\mu_1 > \mu_2$

(3) 设随机变量 X 的分布函数为
$$F(x) = \begin{cases} 0, & x < 0, \\ \dfrac{1}{2}, & 0 \leq x < 1, \\ 1 - e^{-x}, & x \geq 1, \end{cases}$$
则 $P(X = 1) = ($).

A. 0 B. $\dfrac{1}{2}$ C. $\dfrac{1}{2} - e^{-1}$ D. $1 - e^{-1}$

(4) 设 $f_1(x)$ 为标准正态分布的概率密度,$f_2(x)$ 为 $[-1, 3]$ 上均匀分布的概率密度,若
$$f(x) = \begin{cases} af_1(x), & x \leq 0, \\ bf_2(x), & x > 0, \end{cases} \quad (a > 0, b > 0)$$
为概率密度,则 a, b 应满足( ).

A. $2a + 3b = 4$ B. $3a + 2b = 4$
C. $a + b = 1$ D. $a + b = 2$

(5) 设 $F_1(x), F_2(x)$ 为两个分布函数,其相应密度 $f_1(x), f_2(x)$ 是连续函数,则必为概率密度的是( ).

A. $f_1(x)f_2(x)$
B. $2f_2(x)F_1(x)$
C. $f_1(x)F_2(x)$
D. $f_1(x)F_2(x) + f_2(x)F_1(x)$

(6) 设 X_1, X_2, X_3 是随机变量,且 $X_1 \sim N(0,1), X_2 \sim N(0, 2^2), X_3 \sim N(5, 3^2), P_i = P\{-2 \leq x_i \leq 2\} (i = 1, 2, 3)$,则( ).

A. $P_1 > P_2 > P_3$
B. $P_2 > P_1 > P_3$
C. $P_3 > P_1 > P_2$
D. $P_1 > P_3 > P_2$

2. 设随机变量 X 的概率密度为
$$f(x) = \begin{cases} \dfrac{1}{3}, & 0 \leq x \leq 1, \\ \dfrac{2}{9}, & 3 \leq x \leq 6, \\ 0, & \text{其他}, \end{cases}$$
若 k 使得 $P(X \geq k) = \dfrac{2}{3}$,则 k 的取值范围是什么?

3. 设随机变量 X 的概率密度为
$$f(x) = \begin{cases} \dfrac{1}{3\sqrt[3]{x^2}}, & 1 \leq x \leq 8, \\ 0, & \text{其他}, \end{cases}$$
$F(x)$ 是 X 的分布函数,求随机变量 $Y = F(X)$ 的分布函数.

4. 设随机变量 X 的概率分布为 $P(X=1) = P(X=2) = \dfrac{1}{2}$. 在给定 $X=i$ 的条件下,随机变量 Y 服从均匀分布 $U(0,i)(i=1,2)$,求 Y 的分布函数 $F_Y(y)$.

5. 设随机变量 X 的概率密度为
$$f(x) = \begin{cases} 2^{-x}\ln 2, & x > 0, \\ 0, & x \leq 0, \end{cases}$$
对 X 进行独立重复的观测,直到第 2 个大于 3 的观测值出现时停止,记 Y 为观测次数,求 Y 的概率分布.

第 3 章
多维随机变量及其分布

在许多随机试验中,试验的结果只要用一个随机变量来描述就够了,但也有许多随机试验的结果要用两个甚至多于两个随机变量才能完整描述. 例如,考虑一个国家的经济发展状况,有两个重要指标:国内生产总值(GDP)和人均国内生产总值;而运行的人造卫星在空间的位置则要用三个随机变量(三维坐标)来描述等. 由于涉及的多个随机变量之间往往具有某种联系,因而需要把它们作为一个整体加以研究.

3.1 二维随机变量及其分布

3.1.1 二维随机变量的概念

定义 3-1 如果 $X_1, X_2, \cdots, X_n$ 是定义在同一个样本空间 Ω 上的 n 个随机变量,则称 $X = (X_1, X_2, \cdots, X_n)$ 为 n 维(或 n 元)随机变量(或随机向量),称 n 元函数

$$F(x_1, x_2, \cdots, x_n) = P(X_1 \leqslant x_1, X_2 \leqslant x_2, \cdots, X_n \leqslant x_n), (x_1, x_2, \cdots, x_n) \in \mathbf{R}^n \tag{3-1}$$

为 n 维随机变量 $(X_1, X_2, \cdots, X_n)$ 的分布函数或称为随机变量 $X_1, X_2, \cdots, X_n$ 的联合分布函数.

当 $n=2$ 时,以随机变量 X 和 Y 为分量的向量 (X, Y) 称为二维随机变量(或二维随机向量),其联合分布函数为

$$F(x, y) = P(X \leqslant x, Y \leqslant y), (x, y) \in \mathbf{R}^2. \tag{3-2}$$

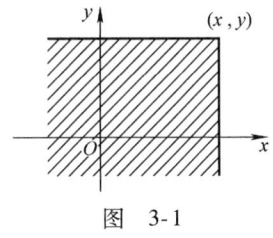

图 3-1

若将二维随机变量 (X, Y) 看成是平面上随机点 (X, Y) 的坐标,则分布函数 $F(x, y)$ 就表示随机点落在以点 (x, y) 为顶点的左下方的无限矩形区域内的概率,如图 3-1 所示的阴影部分.

这时,点 (X, Y) 落入任一矩形 $G = \{(x, y) | x_1 < x \leqslant x_2, y_1 < y \leqslant y_2\}$(图 3-2)的概率,即可由概率的加法性质求得

$$P(x_1 < X \leqslant x_2, y_1 < Y \leqslant y_2) = F(x_2, y_2) - F(x_1, y_2) - F(x_2, y_1) + F(x_1, y_1). \tag{3-3}$$

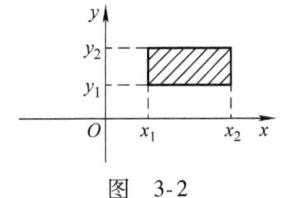

图 3-2

3.1.2 二维离散型随机变量的联合概率分布

和一维随机变量的情况类似,对于二维随机变量,我们同样讨

论离散型和连续型两大类.

定义 3-2 如果二维随机变量(X,Y)的可能取值数组只有有限个或可列个,则称(X,Y)为二维离散型随机变量.

显然,如果(X,Y)是二维离散型随机变量,则X,Y都是一维离散型随机变量,反过来也成立. 和一维随机变量的情形一样,(X,Y)也以一定的概率取值.

记(X,Y)的取值集合为$E=\{(x_i,y_j)|i,j=1,2,\cdots\}$,并记

$$p_{ij} = P(X=x_i, Y=y_j), \quad i,j=1,2,\cdots, \tag{3-4}$$

称上式为二维离散型随机变量(X,Y)的概率分布,也称为X与Y的联合概率分布. 易见上式中的p_{ij}满足下面两条基本性质:

(1) $p_{ij} \geq 0, i,j=1,2,\cdots$;

(2) $\sum_i \sum_j p_{ij} = 1$.

为了直观,有时用联合概率分布表表示,见表 3-1.

表 3-1

X \ Y	y_1	y_2	$\cdots$	y_j	$\cdots$
x_1	p_{11}	p_{12}	$\cdots$	p_{1j}	$\cdots$
x_2	p_{21}	p_{22}	$\cdots$	p_{2j}	$\cdots$
$\vdots$	$\vdots$	$\vdots$		$\vdots$	
x_i	p_{i1}	p_{i2}	$\cdots$	p_{ij}	$\cdots$
$\vdots$				$\vdots$	

对于集合$E=\{(x_i,y_j)|i,j=1,2,\cdots\}$的任意一个子集$A$,则事件$\{(X,Y)\in A\}$的概率为

$$P\{(X,Y)\in A\} = \sum_i \sum_j p_{ij}. \tag{3-5}$$

由上式,(X,Y)的分布函数为

$$F(x,y) = \sum_{x_i \leq x}\sum_{y_j \leq y} p_{ij}, \tag{3-6}$$

其中$\sum_{x_i \leq x}\sum_{y_j \leq y} p_{ij}$表示不大于$x$的一切$x_i$及同时不大于$y$的一切$y_j$所对应的$p_{ij}$求和.

【例 3-1】 已知 10 件产品中有 3 件一等品、5 件二等品、2 件三等品. 从这批产品中任取 4 件产品,求其中一等品、二等品件数的二维联合概率分布.

解 设X及Y分别是取出的 4 件产品中一等品及二等品的件数,则有联合概率函数

$$P(X=i, Y=j) = \frac{C_3^i C_5^j C_2^{4-i-j}}{C_{10}^4},$$

其中$i=0,1,2,3; j=0,1,2,3,4; 2 \leq i+j \leq 4$. 由此得$(X,Y)$的二维

联合概率分布表如下：

X \ Y	0	1	2	3	4
0	0	0	$\frac{10}{210}$	$\frac{20}{210}$	$\frac{5}{210}$
1	0	$\frac{15}{210}$	$\frac{60}{210}$	$\frac{30}{210}$	0
2	$\frac{3}{210}$	$\frac{30}{210}$	$\frac{30}{210}$	0	0
3	$\frac{2}{210}$	$\frac{5}{210}$	0	0	0

3.1.3 二维连续型随机变量的联合概率密度

定义 3-3 对于二维随机变量 (X,Y)，如果存在非负可积函数 $f(x,y)$ $(-\infty < x < +\infty, -\infty < y < +\infty)$，使对任意实数 x,y，有

$$P(X \leq x, Y \leq y) = \int_{-\infty}^{x} \int_{-\infty}^{y} f(u,v) \mathrm{d}u \mathrm{d}v, \quad (3\text{-}7)$$

则称随机变量 (X,Y) 为二维连续型随机变量，并称 $f(x,y)$ 为 (X,Y) 的联合概率密度（简称联合密度），简记为 $(X,Y) \sim f(x,y)$.

(X,Y) 的联合概率密度 $f(x,y)$ 满足下面两条基本性质：

(1) $f(x,y) \geq 0$；

(2) $\int_{-\infty}^{+\infty} \int_{-\infty}^{+\infty} f(x,y) \mathrm{d}x \mathrm{d}y = 1$.

满足上述两式的任何一个二元函数 $f(x,y)$ 都称为二维联合概率密度.

对于连续型随机变量 (X,Y)，可以证明：对于平面上的任意可度量的区域 D 均有

$$P\{(X,Y) \in D\} = \iint_D f(x,y) \mathrm{d}x \mathrm{d}y. \quad (3\text{-}8)$$

【例 3-2】 设 (X,Y) 的联合概率密度为

$$f(x,y) = \begin{cases} Ce^{-(x+y)}, & x \geq 0, y \geq 0, \\ 0, & \text{其他}, \end{cases}$$

求 (1) 常数 C；(2) $P(0 < X < 1, 0 < Y < 1)$.

解 (1) 因为 $\int_{-\infty}^{+\infty} \int_{-\infty}^{+\infty} f(x,y) \mathrm{d}x \mathrm{d}y = 1$，故

$$1 = \int_0^{+\infty} \int_0^{+\infty} Ce^{-(x+y)} \mathrm{d}x \mathrm{d}y = C \int_0^{+\infty} e^{-x} \mathrm{d}x \int_0^{+\infty} e^{-y} \mathrm{d}y = C,$$

于是 $C = 1$.

(2) 记 $D = \{(x,y) | 0 < x < 1, 0 < y < 1\}$，则有

$$P(0 < X < 1, 0 < Y < 1) = P\{(X,Y) \in D\} = \iint_D f(x,y) \mathrm{d}x \mathrm{d}y$$

$$= \iint_D e^{-x-y} dx dy = \int_0^1 e^{-x} dx \int_0^1 e^{-y} dy = \left(1 - \frac{1}{e}\right)^2.$$

3.1.4 常用的二维随机变量

1. 二维均匀分布

定义 3-4 设二维随机变量 (X,Y) 的联合概率密度为

$$f(x,y) = \begin{cases} \dfrac{1}{S(D)}, & (x,y) \in D, \\ 0, & \text{其他}, \end{cases} \qquad (3\text{-}9)$$

其中,D 是 xOy 平面上的某个区域,$S(D)$ 为 D 的面积,则称 (X,Y) 服从区域 D 上的二维均匀分布.

下面是两种特殊情形:

(1) D 是矩形区域 $a \leqslant x \leqslant b, c \leqslant y \leqslant d$,则有

$$f(x,y) = \begin{cases} \dfrac{1}{(b-a)(d-c)}, & a \leqslant x \leqslant b, c \leqslant y \leqslant d, \\ 0, & \text{其他}. \end{cases} \qquad (3\text{-}10)$$

(2) D 是圆形区域 $x^2 + y^2 \leqslant R^2$,则有

$$f(x,y) = \begin{cases} \dfrac{1}{\pi R^2}, & x^2 + y^2 \leqslant R^2, \\ 0, & \text{其他}. \end{cases} \qquad (3\text{-}11)$$

假定区域 G 是区域 D 的子区域,则在区域 D 上服从均匀分布的二维随机变量 (X,Y) 在区域 G 上取值的概率为

$$P\{(X,Y) \in G\} = \qquad (3\text{-}12)$$

上式表明,向平面区域 D 中随机投点,该点坐标 (X,Y) 落在 D 的子区域 G 中的概率只与 G 的面积有关,而与 G 的位置无关.

【例 3-3】 设二维随机变量 (X,Y) 服从区域 D 上的均匀分布(图 3-3),$D = \{(x,y) \mid 0 < x < 1 \text{ 且 } 0 < y < 2x\}$,

(1) 写出 (X,Y) 的联合概率密度;(2) 计算 $P(Y \leqslant X)$.

解 (1) 因为 $S(D) = 1$,由二维均匀分布的定义得 (X,Y) 的联合概率密度为

$$f(x,y) = \begin{cases} 1, & 0 \leqslant x \leqslant 1, 0 \leqslant y \leqslant 2x, \\ 0, & \text{其他}. \end{cases}$$

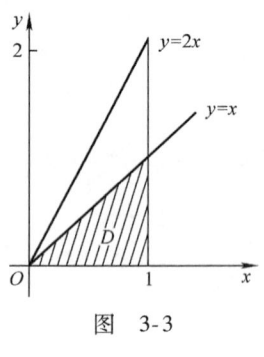

图 3-3

(2) $P(Y \leqslant X) = P((X,Y) \in G) = \iint_G f(x,y) dx dy = \iint_G 1 dx dy$

$= S(G) = \dfrac{1}{2}$,其中区域 G 如图 3-3 所示.

或者利用式 3-12 直接解得

$$P(Y \leqslant X) = \frac{S(G)}{S(D)} = \frac{1}{2}.$$

2. 二维正态分布

定义 3-5 设二维随机变量 (X,Y) 的联合概率密度为

$$f(x,y) = \frac{1}{2\pi\sigma_1\sigma_2\sqrt{1-\rho^2}} e^{-\frac{1}{2(1-\rho^2)}\left[\frac{(x-\mu_1)^2}{\sigma_1^2} - \frac{2\rho(x-\mu_1)(y-\mu_2)}{\sigma_1\sigma_2} + \frac{(y-\mu_2)^2}{\sigma_2^2}\right]},$$
$$-\infty < x,y < +\infty, \quad (3-13)$$

其中 $\mu_1, \mu_2, \sigma_1(>0), \sigma_2(>0), \rho(|\rho|<1)$ 是分布参数,这种分布称为二维正态分布,记作 $(X,Y) \sim N(\mu_1, \mu_2, \sigma_1^2, \sigma_2^2, \rho)$.

二维正态分布联合概率密度函数的图像如图 3-4 所示.

思考题 3.1: 设 $(X,Y) \sim N(\mu, \mu; \sigma^2, \sigma^2; 0)$,求 $P(X<Y)$.

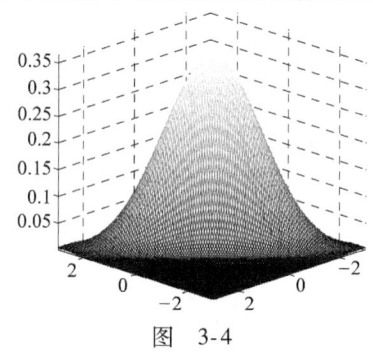

图 3-4

二维正态分布的 5 个参数都具有具体的意义,我们将在后面逐一介绍.

习题 3.1

1. 10 件产品中有 3 件次品、7 件正品,每次任取 1 件,连续取 2 次,记

$$X_i = \begin{cases} 1, & \text{第 } i \text{ 次取到次品}, \\ 0, & \text{第 } i \text{ 次取到正品}, \end{cases} i=1,2,$$

分别对不放回抽取与有放回抽取两种情况,写出随机变量 (X_1,X_2) 的概率分布.

2. 设随机变量 Y 服从标准正态分布 $N(0,1)$,令

$$X_i = \begin{cases} 0, & |Y| \geq i, \\ 1, & |Y| < i, \end{cases} i=1,2,$$

求 (X_1,X_2) 的概率分布.

3. 二维随机变量 (X,Y) 的概率分布如下:

X \ Y	-2	0	1
-1	0.3	0.1	0.1
1	0.05	0.2	0
2	0.2	0	0.05

求 $P(X \leq 0, Y \geq 0)$ 及 $F(0,0)$.

4. 设二维随机变量 $(X,Y) \sim f(x,y)$,并且

$$f(x,y) = \begin{cases} 6e^{-(2x+3y)}, & x \geq 0, y \geq 0, \\ 0, & \text{其他}, \end{cases}$$

求联合分布函数 $F(x,y)$.

5. 设 (X,Y) 的概率密度为

$$f(x,y) = \begin{cases} Ce^{-(3x+4y)}, & x \geq 0, y \geq 0, \\ 0, & \text{其他}, \end{cases}$$

求(1)常数 C;(2)联合分布函数;(3)$P(0<X\leq 1, 0<Y\leq 2)$.

6. 设 (X,Y) 的概率密度为

$$f(x,y) = \begin{cases} A(1-\sqrt{x^2+y^2}), & x^2+y^2 \leq 1, \\ 0, & \text{其他}, \end{cases}$$

求(1)常数 A;(2)(X,Y) 取值落于圆域 $x^2+y^2 \leq \frac{1}{4}$ 上的概率.

7. 设 (X,Y) 的概率密度为

$$f(x,y) = \begin{cases} k(6-x-y), & 0<x<2, 2<y<4, \\ 0, & 其他, \end{cases}$$

求(1)常数 k;(2) $P(X<1, Y<3)$.

3.2 边缘分布

二维随机变量 (X,Y) 作为一个整体,具有联合概率分布,而每个分量 X 和 Y 也是随机变量,也有相应的概率分布,将 (X,Y) 中每个分量的分布称为边缘分布.

3.2.1 边缘分布函数

设 (X,Y) 的联合分布函数为 $F(x,y)$,在 $F(x,y)$ 中令 $y \to +\infty$,由于 $Y < +\infty$ 为必然事件,所以

$$\lim_{y \to +\infty} F(x,y) = P(X \leq x, Y < +\infty) = P(X \leq x). \quad (3\text{-}14)$$

这是一维随机变量的分布函数,称为 X 的边缘分布函数,记为 $F_X(x)$,即

$$F_X(x) = \lim_{y \to +\infty} F(x,y) = F(x, +\infty), \quad (3\text{-}15)$$

同理 Y 的边缘分布函数 $F_Y(y)$ 为

$$F_Y(y) = \lim_{x \to +\infty} F(x,y) = F(+\infty, y). \quad (3\text{-}16)$$

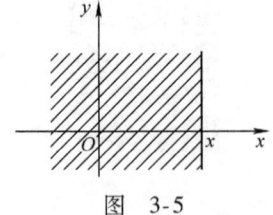

图 3-5

$F_X(x)$ 表示随机点 (X,Y) 落在如图 3-5 所示的半平面的概率,同样用图 3-6 可解释 $F_Y(y)$.

当 (X,Y) 为二维离散型随机变量时,设其联合概率分布为

$$P(X = x_i, Y = y_j) = p_{ij} \quad (i=1,2,\cdots; j=1,2,\cdots), \quad (3\text{-}17)$$

则由边缘分布函数的定义,X 的边缘分布函数为

$$F_X(x) = \sum_{x_i \leq x} \sum_{j=1}^{\infty} p_{ij}, \quad (3\text{-}18)$$

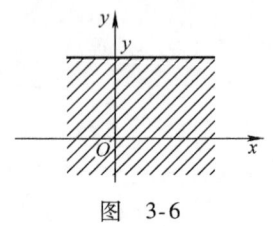

图 3-6

同理,Y 的边缘分布函数为

$$F_Y(y) = \sum_{y_j \leq y} \sum_{i=1}^{\infty} p_{ij}. \quad (3\text{-}19)$$

当 (X,Y) 为二维连续型随机变量时,设 $f(x,y)$ 为 (X,Y) 的联合概率密度,X 的边缘分布函数为

$$F_X(x) = \int_{-\infty}^{x} \mathrm{d}u \int_{-\infty}^{+\infty} f(u,y) \mathrm{d}y, \quad (3\text{-}20)$$

同理,Y 的边缘分布函数为

$$F_Y(y) = \int_{-\infty}^{y} \mathrm{d}v \int_{-\infty}^{+\infty} f(x,v) \mathrm{d}x. \quad (3\text{-}21)$$

3.2.2 二维离散型随机变量的边缘概率分布

定义 3-6 对于二维离散型随机变量 (X,Y),分量 X 的概率分布称为 (X,Y) 的关于 X 的边缘概率分布,分量 Y 的概率分布称为 (X,Y) 的关于 Y 的边缘概率分布.

若 (X,Y) 的概率分布为
$$p_{ij} = P(X=x_i, Y=y_j), i,j=1,2,\cdots,$$
则关于 X 的边缘概率分布为
$$p_{i\cdot} = P(X=x_i) = \sum_j p_{ij}, i,j=1,2,\cdots, \quad (3\text{-}22)$$
类似可得关于 Y 的边缘概率分布为
$$p_{\cdot j} = \boxed{} \quad (3\text{-}23)$$

证明 $p_{i\cdot} = P(X=x_i) = \boxed{}$

$\boxed{}$,并且 $p_{i\cdot} \geq 0$, $\sum_i p_{i\cdot} = \sum_i \sum_j p_{ij} = 1$.

因此 $\{p_{i\cdot} | i=1,2,\cdots\}$ 是边缘概率分布,类似地,可以证明 $p_{\cdot j}$.

【例 3-4】 在例 3-1 中,分别求抽取的 4 件产品中一等品及二等品件数的边缘概率分布.

解 把例 3-1 得到的联合概率分布表中各行的概率相加,即得一等品件数的边缘概率分布如下:

X	0	1	2	3
P	$\dfrac{5}{30}$	$\dfrac{15}{30}$	$\dfrac{9}{30}$	$\dfrac{1}{30}$

把上述联合概率分布表中各列的概率相加,即得二等品件数的边缘概率分布如下:

Y	0	1	2	3	4
P	$\dfrac{1}{42}$	$\dfrac{10}{42}$	$\dfrac{20}{42}$	$\dfrac{10}{42}$	$\dfrac{1}{42}$

3.2.3 二维连续型随机变量的边缘概率密度

定义 3-7 对于连续型随机变量 (X,Y),作为其分量的随机变量 X(或 Y)的概率密度 $f_X(x)$(或 $f_Y(y)$)称为 (X,Y) 关于 X(或 Y)的边缘概率密度(简称边缘密度).

当 X,Y 的联合概率密度 $f(x,y)$ 已知时,则
$$f_X(x) = \int_{-\infty}^{+\infty} f(x,y)\,dy, \quad (3\text{-}24)$$
$$f_Y(y) = \int_{-\infty}^{+\infty} f(x,y)\,dx. \quad (3\text{-}25)$$

证明 对于第一个式子,显然由 $f(x,y)$ 的非负性可知 $f_X(x) \geq 0$,只需验证 $f_X(x)$ 满足:
$$F(x) = P(X \leq x) = \boxed{}$$
$$= \boxed{}$$

由联合分布函数的定义知 $f_X(x) = \int_{-\infty}^{+\infty} f(x,y) \mathrm{d}y$ 是 X 的边缘概率密度. 类似地, 可以证明由第二个式子确定的 $f_Y(y)$ 是关于 Y 的边缘概率密度.

【例3-5】 设二维随机变量(X,Y)服从区域 D 上的均匀分布, $D = \{(x,y) \mid -1 \leq x, y \leq 1\}$, 求关于 X 和 Y 的边缘概率密度.

解 由二维随机变量均匀分布的定义, (X,Y) 的联合概率密度为

$$f(x,y) = \begin{cases} \dfrac{1}{4}, & -1 \leq x, y \leq 1, \\ 0, & \text{其他}, \end{cases}$$

当 $|x| > 1$ 时, $f_X(x) = 0$. 当 $|x| \leq 1$ 时,

$$f_X(x) = \int_{-1}^{1} \frac{1}{4} \mathrm{d}y = \frac{1}{2},$$

因此

$$f_X(x) = \begin{cases} \dfrac{1}{2}, & -1 \leq x \leq 1, \\ 0, & \text{其他}, \end{cases}$$

类似地,

$$f_Y(y) = \begin{cases} \dfrac{1}{2}, & -1 \leq y \leq 1, \\ 0, & \text{其他}. \end{cases}$$

此例表明, X, Y 都服从区间 $[-1, 1]$ 上的均匀分布.

思考题3.2: 设二维随机变量(X,Y)在区域 $G = \{(x,y) \mid 0 \leq x \leq 1, x^2 \leq y \leq x\}$ 上服从均匀分布, 求边缘概率密度 $f_X(x), f_Y(y)$.

定理3-1 如果 $(X,Y) \sim N(\mu_1, \mu_2, \sigma_1^2, \sigma_2^2, \rho)$, 则 $X \sim N(\mu_1, \sigma_1^2)$, $Y \sim N(\mu_2, \sigma_2^2)$.

证明 因为

$$-\frac{1}{2(1-\rho^2)}\left[\frac{(x-\mu_1)^2}{\sigma_1^2} - \frac{2\rho(x-\mu_1)(y-\mu_2)}{\sigma_1\sigma_2} + \frac{(y-\mu_2)^2}{\sigma_2^2}\right]$$

$$= -\frac{1}{2(1-\rho^2)}\left\{\frac{(x-\mu_1)^2}{\sigma_1^2} + \left[\frac{(y-\mu_2)^2}{\sigma_2^2} - \frac{2\rho(x-\mu_1)(y-\mu_2)}{\sigma_1\sigma_2} + \rho^2\frac{(x-\mu_1)^2}{\sigma_1^2}\right]\right.$$

$$\left. -\rho^2\frac{(x-\mu_1)^2}{\sigma_1^2}\right\} = -\frac{(x-\mu_1)^2}{2\sigma_1^2} - \frac{1}{2(1-\rho^2)}\left(\frac{y-\mu_2}{\sigma_2} - \rho\frac{x-\mu_1}{\sigma_1}\right)^2,$$

由此可得 (X,Y) 关于 X 的边缘概率密度为

$$f_X(x) = \int_{-\infty}^{+\infty} f(x,y) \mathrm{d}y$$

$$= \frac{1}{2\pi\sigma_1\sigma_2\sqrt{1-\rho^2}} \int_{-\infty}^{+\infty} \mathrm{e}^{-\frac{(x-\mu_1)^2}{2\sigma_1^2} - \frac{1}{2(1-\rho^2)}\left(\frac{y-\mu_2}{\sigma_2} - \rho\frac{x-\mu_1}{\sigma_1}\right)^2} \mathrm{d}y,$$

对于任意给定的实数 x, 令

$$t = \frac{1}{\sqrt{1-\rho^2}}\left(\frac{y-\mu_2}{\sigma_2} - \rho\frac{x-\mu_1}{\sigma_1}\right),$$

则
$$dt = \frac{1}{\sigma_2 \sqrt{1-\rho^2}} dy,$$

因为
$$\int_{-\infty}^{+\infty} \frac{1}{\sqrt{2\pi}} e^{-\frac{t^2}{2}} dt = 1,$$

所以
$$f_X(x) = \frac{1}{\sqrt{2\pi}\sigma_1} e^{-\frac{(x-\mu_1)^2}{2\sigma_1^2}} \int_{-\infty}^{+\infty} \frac{1}{\sqrt{2\pi}} e^{-\frac{t^2}{2}} dt$$
$$= \frac{1}{\sqrt{2\pi}\sigma_1} e^{-\frac{(x-\mu_1)^2}{2\sigma_1^2}}, \quad -\infty < x < +\infty,$$

因此 $X \sim N(\mu_1, \sigma_1^2)$,同理 $Y \sim N(\mu_2, \sigma_2^2)$.

由定理 3-1 知,如果二维随机变量 (X,Y) 服从二维正态分布 $N(\mu_1, \mu_2, \sigma_1^2, \sigma_2^2, \rho)$,则 (X,Y) 关于 X 和关于 Y 的边缘分布都是一维正态分布,且 $X \sim N(\mu_1, \sigma_1^2)$,$Y \sim N(\mu_2, \sigma_2^2)$. 易知 (X,Y) 的分布与参数 ρ 有关,对于不同的 ρ,有不同的二维正态分布. 但 (X,Y) 关于 X 和关于 Y 的边缘分布都与 ρ 无关. 这一事实表明,仅仅根据关于 X 和关于 Y 的边缘分布,一般是不能确定随机变量 X 和 Y 的联合分布的.

习题 3.2

1. 二维随机变量 (X_1, X_2) 的概率分布如下:

X_1 \ X_2	0	1
0	$\frac{7}{15}$	$\frac{7}{30}$
1	$\frac{7}{30}$	$\frac{1}{15}$

求关于 X_2 的边缘概率分布.

2. 将一硬币抛掷 3 次,以 X 表示在 3 次中出现正面的次数,以 Y 表示 3 次中出现正面次数与出现反面次数之差的绝对值. (1)试写出 (X,Y) 的联合概率分布;(2)求 (X,Y) 分别关于 X 和 Y 的边缘概率分布.

3. 盒中装有某种产品 8 个,其中 6 个是正品,其他为次品. 现从盒中随机抽取产品两次,每次取一个,考虑不放回抽样的情况. 用 X 表示第一次取得的正品数,Y 表示第二次取得的正品数,试求(1) (X,Y) 的联合概率分布;(2) (X,Y) 分别关于 X 和 Y 的边缘概率分布.

4. 设 (X,Y) 的联合概率密度为
$$f(x,y) = \begin{cases} \dfrac{1}{\pi r^2}, & x^2 + y^2 \leq r^2, \\ 0, & \text{其他}, \end{cases}$$
求 (X,Y) 分别关于 X 和 Y 的边缘概率密度.

5. 设 (X,Y) 的联合概率密度为
$$f(x,y) = \begin{cases} \dfrac{1}{2} x^3 e^{-x(y+1)}, & x > 0, y > 0, \\ 0, & \text{其他}, \end{cases}$$
求 (X,Y) 分别关于 X 和 Y 的边缘概率密度.

6. 设随机变量 (X,Y) 的联合概率密度为
$$f(x,y) = \begin{cases} Cx^2 y, & x^2 \leq y \leq 1, \\ 0, & \text{其他}, \end{cases}$$
求(1)常数 C;(2)边缘概率密度.

3.3 条件分布

在第 1 章中,我们曾经介绍了条件概率的概念,这是对随机事件而言的. 在本节中,我们将讨论随机变量的条件分布,条件分布是条件概率和随机变量概率分布的自然推广. 设有两个随机变量 X 和 Y,在给定了 Y 取某个值或某些值的条件下,X 的分布称为 X 的条件分布. 类似地,我们可以定义 Y 的条件分布.

3.3.1 离散型随机变量的条件概率分布

设二维离散型随机变量 (X,Y) 的概率分布为
$$p_{ij} = P(X=x_i, Y=y_j), \quad i,j=1,2,\cdots,$$
仿照条件概率的定义,我们很容易给出离散型随机变量的条件概率分布的定义.

定义 3-8 对一切使 $P(Y=y_j) = p_{\cdot j} = \sum_i p_{ij} > 0$ 的 y_j,称

$$P(X=x_i \mid Y=y_j) = \frac{P(X=x_i, Y=y_j)}{P(Y=y_j)} = \frac{p_{ij}}{p_{\cdot j}} \ (i=1,2,\cdots) \tag{3-26}$$

为在给定 $Y=y_j$ 条件下 X 的条件概率分布.

同理,对一切使 $P(X=x_i) = p_{i\cdot} = \sum_j p_{ij} > 0$ 的 x_i,称

$$P(Y=y_j \mid X=x_i) = \underline{\qquad\qquad} \tag{3-27}$$

为在给定 $X=x_i$ 条件下 Y 的条件概率分布.

【例 3-6】 已知 (X,Y) 的概率分布如下,求 X 及 Y 的条件概率分布.

X \ Y	-1	1	2
0	$\frac{1}{12}$	0	$\frac{3}{12}$
$\frac{3}{2}$	$\frac{2}{12}$	$\frac{1}{12}$	$\frac{1}{12}$
2	$\frac{3}{12}$	$\frac{1}{12}$	0

解 因为 $P(Y=-1) = \frac{1}{2}, P(Y=1) = \frac{1}{6}, P(Y=2) = \frac{1}{3}$,从而得 X 的条件概率分布依次为

$$P(X=0 \mid Y=-1) = \frac{1}{6}, P\left(X=\frac{3}{2} \mid Y=-1\right) = \frac{1}{3},$$

$$P(X=2 \mid Y=-1) = \frac{1}{2}, P(X=0 \mid Y=1) = 0,$$

$$P\left(X=\frac{3}{2} \mid Y=1\right) = \frac{1}{2}, P(X=2 \mid Y=1) = \frac{1}{2},$$

$$P(X=0 \mid Y=2) = \frac{3}{4}, P\left(X=\frac{3}{2} \mid Y=2\right) = \frac{1}{4},$$

$$P(X=2 \mid Y=2) = 0.$$

又因为 $P(X=0) = \frac{1}{3}, P\left(X=\frac{3}{2}\right) = \frac{1}{3}, P(X=2) = \frac{1}{3}$，从而得 Y 的条件概率分布依次为

$$P(Y=-1 \mid X=0) = \frac{1}{4}, P(Y=1 \mid X=0) = 0,$$

$$P(Y=2 \mid X=0) = \frac{3}{4}, P\left(Y=-1 \mid X=\frac{3}{2}\right) = \frac{1}{2},$$

$$P\left(Y=1 \mid X=\frac{3}{2}\right) = \frac{1}{4}, P\left(Y=2 \mid X=\frac{3}{2}\right) = \frac{1}{4},$$

$$P(Y=-1 \mid X=2) = \frac{3}{4}, P(Y=1 \mid X=2) = \frac{1}{4},$$

$$P(Y=2 \mid X=2) = 0.$$

3.3.2 连续型随机变量的条件概率密度

设 (X,Y) 为一个二维连续型随机变量,它的联合概率密度为 $f(x,y)$,怎样规定在条件 $Y=y$ 下 X 的条件分布呢? 由于 Y 这时是连续型随机变量,$P(Y=y)=0$,因此不能直接利用事件的条件概率为基础来定义条件分布. 但是对于二维离散型分布,当 Y 为指定值 y_j 时,X 的条件概率分布为一元函数:

自变量	x_1	x_2	…	x_i	…
因变量	$\dfrac{p_{1j}}{p_{\cdot j}}$	$\dfrac{p_{2j}}{p_{\cdot j}}$	…	$\dfrac{p_{ij}}{p_{\cdot j}}$	…

其中 $p_{\cdot j}$ 就是关于 Y 的边缘概率分布在 y_j 处的值. 这就启发我们定义连续型随机变量的条件概率密度如下.

定义 3-9 设二维连续型随机变量 (X,Y) 的联合概率密度为 $f(x,y)$,对一切的 y,使 $f_Y(y) = \int_{-\infty}^{+\infty} f(x,y)\,\mathrm{d}x > 0$,称

$$f_{X \mid Y}(x \mid y) = \frac{f(x,y)}{f_Y(y)} \tag{3-28}$$

为在 $Y=y$ 条件下随机变量 X 的条件概率密度.

同理,对一切的 x 使 $f_X(x) = \int_{-\infty}^{+\infty} f(x,y)\,\mathrm{d}y > 0$,称

$$f_{Y|X}(y|x) = \frac{f(x,y)}{f_X(x)} \tag{3-29}$$

为在 $X=x$ 条件下随机变量 Y 的条件概率密度.

【例 3-7】 设 (X,Y) 的联合概率密度为

$$f(x,y) = \begin{cases} \dfrac{1}{\pi r^2}, & x^2+y^2 \leq r^2, \\ 0, & \text{其他,} \end{cases}$$

求 X 在 $Y=y$ 条件下的条件概率密度 $f_{X|Y}(x|y)$.

解 当 $|y| \leq r$ 时,

$$f_Y(y) = \int_{-\infty}^{+\infty} f(x,y)\,\mathrm{d}x = \int_{-\sqrt{r^2-y^2}}^{\sqrt{r^2-y^2}} \frac{1}{\pi r^2}\,\mathrm{d}x = \frac{2\sqrt{r^2-y^2}}{\pi r^2},$$

当 $|y| > r$ 时,$f_Y(y) = 0$,所以 (X,Y) 关于 Y 的边缘概率密度为

$$f_Y(y) = \begin{cases} \dfrac{2\sqrt{r^2-y^2}}{\pi r^2}, & |y| \leq r, \\ 0, & |y| > r, \end{cases}$$

于是,对符合 $|y| < r$ 的一切 y,有

$$f_{X|Y}(x|y) = \frac{f(x,y)}{f_Y(y)} = \begin{cases} \dfrac{1}{2\sqrt{r^2-y^2}}, & |x| \leq \sqrt{r^2-y^2}, \\ 0, & \text{其他,} \end{cases}$$

特别地,当 $Y=0$ 时,X 的条件概率密度为

$$f_{X|Y}(x|y) = \frac{f(x,y)}{f_Y(0)} = \begin{cases} \dfrac{1}{2r}, & |x| \leq r, \\ 0, & \text{其他,} \end{cases}$$

可见,在 $Y=0$ 的条件下,X 服从区间 $[-r,r]$ 上的均匀分布.

思考题 3.3:已知 (X,Y) 在以点 $(0,0)$,$(1,-1)$,$(1,1)$ 为顶点的三角形区域上服从均匀分布,求 $P\left(X > \dfrac{1}{2} \mid Y > 0\right)$.

习题 3.3

1. 盒中装有某种产品 8 个,其中 6 个是正品,其他为次品. 现从盒中随机抽取产品两次,每次取一个,考虑不放回抽样的情况. 用 X 表示第一次取得的正品数,Y 表示第二次取得的正品数,试求在 $Y=0$ 的条件下,随机变量 X 的条件概率分布.

2. 设随机变量 X 在 $1,2,3,4$ 四个整数中等可能地取值,另一个随机变量 Y 在 $1 \sim X$ 中等可能地取一整数值. 求条件概率分布 $P(Y=k|X=3)$ 和 $P(Y=k|X=4)$.

3. 设随机变量 (X,Y) 的概率密度为

$$f(x,y) = \begin{cases} Cx^2y, & x^2 \leq y \leq 1, \\ 0, & \text{其他,} \end{cases}$$

求(1)条件密度函数 $f_{X|Y}(x|y)$ 及 $f_{X|Y}\left(x \mid \dfrac{1}{2}\right)$;(2)条件密度函数 $f_{Y|X}(y|x)$,$f_{Y|X}\left(y \mid \dfrac{1}{3}\right)$ 及 $f_{Y|X}\left(y \mid \dfrac{1}{2}\right)$;(3)条件概率 $P\left(Y \geq \dfrac{1}{4} \mid X = \dfrac{1}{2}\right)$,$P\left(Y \geq \dfrac{3}{4} \mid X = \dfrac{1}{2}\right)$.

4. 设 (X,Y) 服从区域 $G = \{(x,y) | x^2+y^2 \leq 1\}$ 上的均匀分布,试求给定 $Y=y$ 的条件下 X 的条件密度 $f_{X|Y}(x|y)$.

3.4 随机变量的独立性

正如本章开始所指出的,对于二维随机变量(X,Y),一般地,随机变量X和Y之间存在相互联系,因而,一个随机变量的取值会影响另一个随机变量的取值的统计规律性. 若X和Y之间没有上述影响,则X与Y就具有所谓的"独立性",我们引入如下定义.

定义 3-10 设二维随机变量(X,Y)的联合分布函数为$F(x,y)$,关于X和Y的边缘分布函数分别为$F_X(x)$和$F_Y(y)$. 若对任意x,y,都有
$$F(x,y) = F_X(x)F_Y(y), \tag{3-30}$$
则称随机变量X与Y相互独立.

由分布函数的定义,上式可以写为
$$P(X \leqslant x, Y \leqslant y) = P(X \leqslant x)P(Y \leqslant y), \tag{3-31}$$
因此,随机变量X与Y相互独立是指对任意实数x,y,随机事件$(X \leqslant x)$和$(Y \leqslant y)$相互独立.

随机变量相互独立是概率统计中一个十分重要的概念. 下面分别就离散型和连续型两种情况来讨论随机变量相互独立的条件.

定理 3-2 设二维离散型随机变量(X,Y)的概率分布为$P(X=x_i, Y=y_j) = p_{ij}, i,j=1,2,\cdots$,则随机变量$X$与$Y$相互独立的充分必要条件是对一切$i,j=1,2,\cdots$,有
$$P(X=x_i, Y=y_j) = P(X=x_i)P(Y=y_j), \tag{3-32}$$
即对所有的i,j,都有
$$p_{ij} = p_{i\cdot} \cdot p_{\cdot j}. \tag{3-33}$$

思考题 3.4:设二维随机变量(X,Y)在区域$G = \{(x,y) | 0 \leqslant x \leqslant 1, x^2 \leqslant y \leqslant x\}$上服从均匀分布,问$X$与$Y$是否相互独立?

【例 3-8】 设(X_1, X_2)的概率分布为

X_1 \ X_2	0	3
1	0.2	0.3
2	0.4	0.1

试判断X_1与X_2是否相互独立?

解 边缘概率分布为
$$p_{1\cdot} = P(X_1 = 1) = 0.2 + 0.3 = 0.5,$$
类似地,
$$p_{\cdot 1} = P(X_2 = 0) = 0.6,$$
由于
$$p_{1\cdot} \cdot p_{\cdot 1} = P(X_1 = 1)P(X_2 = 0) = 0.5 \times 0.6 = 0.3,$$
而
$$p_{11} = P(X_1 = 1, X_2 = 0) = 0.2,$$
故$p_{1\cdot} \cdot p_{\cdot 1} \neq p_{11}$. 因此,$X_1$与$X_2$不是相互独立的.

定理 3-3 设二维连续型随机变量 (X,Y) 的联合概率密度为 $f(x,y)$,关于 X,Y 的边缘概率密度分别为 $f_X(x),f_Y(y)$. 则 X 与 Y 相互独立的充分必要条件是对一切 x,y,有

$$f(x,y) = f_X(x) \cdot f_Y(y). \tag{3-34}$$

【例 3-9】 已知二维随机变量 (X,Y) 的联合概率密度为

$$f(x,y) = \begin{cases} 2e^{-(x+2y)}, & x>0, y>0, \\ 0, & \text{其他}, \end{cases}$$

问随机变量 X 与 Y 是否相互独立?

解 为了判定随机变量 X 与 Y 的独立性,应当先求出它们的边缘概率密度.

当 $x \leq 0$ 时,显然有 $f_X(x)=0$;当 $x>0$ 时,有

$$f_X(x) = \int_0^{+\infty} 2e^{-(x+2y)} dy = 2e^{-x} \int_0^{+\infty} e^{-2y} dy = 2e^{-x} \cdot \frac{1}{2} = e^{-x},$$

由此得 X 的边缘概率密度为

$$f_X(x) = \begin{cases} e^{-x}, & x>0, \\ 0, & x \leq 0, \end{cases}$$

同理, Y 的边缘概率密度为

$$f_Y(y) = \begin{cases} 2e^{-2y}, & y>0, \\ 0, & y \leq 0. \end{cases}$$

由上面得到的结果易知

$$f(x,y) = f_X(x) \cdot f_Y(y),$$

所以随机变量 X 与 Y 是相互独立的.

定理 3-4 $(X,Y) \sim N(\mu_1, \mu_2, \sigma_1^2, \sigma_2^2, \rho)$,那么 X 与 Y 是相互独立的充分必要条件是 $\rho=0$.

证明 充分条件

当 $\rho=0$ 时,有

$$f(x,y) = \frac{1}{2\pi\sigma_1\sigma_2} e^{-\frac{1}{2}\left[\frac{(x-\mu_1)^2}{\sigma_1^2} + \frac{(y-\mu_2)^2}{\sigma_2^2}\right]}, \quad -\infty < x,y < +\infty,$$

$$f_X(x) \cdot f_Y(y) = $$

$$= \frac{1}{2\pi\sigma_1\sigma_2} e^{-\frac{1}{2}\left[\frac{(x-\mu_1)^2}{\sigma_1^2} + \frac{(x-\mu_2)^2}{\sigma_2^2}\right]}, \quad -\infty < x,y < +\infty,$$

所以,对于任意 $x,y \in \mathbf{R}$,都有 $f(x,y) = f_X(x) \cdot f_Y(y)$. 因此 X 与 Y 相互独立.

必要条件

当 X 与 Y 相互独立时,对于任意 $x,y \in \mathbf{R}$,有 $f(x,y) = f_X(x) \cdot f_Y(y)$. 特别地,当 $x=\mu_1, y=\mu_2$ 时,该等式也成立,所以

$$f(\mu_1,\mu_2) = \frac{1}{2\pi\sigma_1\sigma_2\sqrt{1-\rho^2}} = f_X(\mu_1) \cdot f_Y(\mu_2)$$

$$= \frac{1}{\sqrt{2\pi}\sigma_1} \cdot \frac{1}{\sqrt{2\pi}\sigma_2} = \frac{1}{2\pi\sigma_1\sigma_2},$$

推得 $\rho = 0$.

由定理 3-1 和定理 3-4 知,二维正态分布的参数 μ_1、σ_1^2 描述了 X 的分布,μ_2、σ_2^2 描述了 Y 的分布,ρ 则反映了 X 与 Y 之间的关系. 这说明联合概率密度可以唯一确定两个边缘概率密度,反之不一定成立.

习题 3.4

1. 设 X 与 Y 相互独立,其概率分布分别为

X	1	2	3
P	0.1	0.4	0.5

Y	2	4	5
P	0.2	0.3	0.5

求 (X,Y) 的概率分布.

2. 已知随机变量 X,Y 的概率分布分别为

X	-1	0	1
P	$\frac{1}{4}$	$\frac{2}{4}$	$\frac{1}{4}$

Y	0	1
P	$\frac{1}{2}$	$\frac{1}{2}$

且 $P(XY=0)=1$,(1) 求 (X,Y) 的联合概率分布;(2) 判断 X 与 Y 是否相互独立?

3. 设二维随机变量 (X,Y) 服从区域 D 上的均匀分布,如果 (1) $D = \{(x,y) \mid -1 \leq x, y \leq 1\}$;(2) $D = \{(x,y) \mid x^2 + y^2 \leq 1\}$,判断分别在这两种情况下 X 与 Y 是否相互独立?

4. 若 (X,Y) 的联合概率密度为
$$f(x,y) = \begin{cases} 8xy, & 0 \leq x \leq y \leq 1, \\ 0, & \text{其他}, \end{cases}$$
问 X 与 Y 是否相互独立?

5. 设 (X,Y) 的联合概率密度为
$$f(x,y) = \begin{cases} \dfrac{1}{\pi r^2}, & x^2 + y^2 \leq r^2, \\ 0, & \text{其他}, \end{cases}$$
问 X 与 Y 是否相互独立?

3.5 二维随机变量函数的分布

设 $z = g(x,y)$ 是二元连续函数,(X,Y) 是二维随机变量,则 $Z = g(X,Y)$ 也是随机变量,称 $Z = g(X,Y)$ 为随机变量 (X,Y) 的函数.

给定 (X,Y) 的联合分布,如何求出 $Z = g(X,Y)$ 的分布?本节通过举例来讨论这一问题.

3.5.1 $Z = X + Y$ 的分布

1. 设 (X,Y) 为二维离散型随机变量,求 $Z = X + Y$ 的概率分布

【例 3-10】 设 (X,Y) 的联合概率分布为

X \ Y	-1	0	1	2
-1	$\frac{4}{20}$	$\frac{3}{20}$	$\frac{2}{20}$	$\frac{6}{20}$
2	$\frac{2}{20}$	0	$\frac{2}{20}$	$\frac{1}{20}$

求 $Z = X + Y$ 的概率分布.

解 由 (X, Y) 的联合概率分布可得

(X, Y)	$(-1, -1)$	$(-1, 0)$	$(-1, 1)$	$(-1, 2)$	$(2, -1)$	$(2, 0)$	$(2, 1)$	$(2, 2)$
$Z = X + Y$	-2	-1	0	1	1	2	3	4
P	$\frac{4}{20}$	$\frac{3}{20}$	$\frac{2}{20}$	$\frac{6}{20}$	$\frac{2}{20}$	0	$\frac{2}{20}$	$\frac{1}{20}$

于是, $Z = X + Y$ 的概率分布为

$Z = X + Y$	-2	-1	0	1	2	3	4
P	$\frac{4}{20}$	$\frac{3}{20}$	$\frac{2}{20}$	$\frac{8}{20}$	0	$\frac{2}{20}$	$\frac{1}{20}$

【例 3-11】 设 X 与 Y 是相互独立的随机变量, $X \sim P(\lambda_1)$, $Y \sim P(\lambda_2)$, 求 $Z = X + Y$ 的概率分布.

解 依题意, 有

$$P(X = i) = \frac{\lambda_1^i}{i!} e^{-\lambda_1}, i = 0, 1, 2, \cdots, P(Y = j) = \frac{\lambda_2^j}{j!} e^{-\lambda_2}, j = 0, 1, 2, \cdots,$$

则 Z 的所有可能取值为 $0, 1, 2, \cdots$. 由于 $(Z = k) = \sum_{i=0}^{k}(X = i, Y = k - i)$, 所以

$$P(Z = k) = \sum_{i=0}^{k} P(X = i) P(Y = k - i) = \sum_{i=0}^{k} \frac{\lambda_1^i \lambda_2^{k-i}}{i!(k-i)!} e^{-(\lambda_1 + \lambda_2)}$$

$$= \frac{1}{k!} \left(\sum_{i=0}^{k} C_k^i \lambda_1^i \lambda_2^{k-i} \right) e^{-(\lambda_1 + \lambda_2)}$$

$$= \frac{(\lambda_1 + \lambda_2)^k}{k!} e^{-(\lambda_1 + \lambda_2)} \quad (k = 0, 1, \cdots),$$

即 $X + Y \sim P(\lambda_1 + \lambda_2)$.

由此可见, 服从泊松分布的独立随机变量的和也服从泊松分布, 并且具有分布参数 $\lambda = \lambda_1 + \lambda_2$.

2. 设 (X, Y) 为二维连续型随机变量, 求 $Z = X + Y$ 的分布

设二维连续型随机变量 (X, Y) 有联合概率密度为 $f(x, y)$, 关于 X 与 Y 的边缘概率密度分别为 $f_X(x), f_Y(y)$, 则 $Z = X + Y$ 的分布函数为

$$F_Z(z) = P(Z \leq z) = P(X + Y \leq z) = \iint_{x+y \leq z} f(x, y) \mathrm{d}x \mathrm{d}y,$$

这里, 积分区域是位于直线 $x + y = z$ 左下方的半平面 (图 3-7).

化成累次积分, 得

$$F_Z(z) = \int_{-\infty}^{+\infty} \mathrm{d}y \int_{-\infty}^{z-y} f(x, y) \mathrm{d}x,$$

对积分 $\int_{-\infty}^{z-y} f(x, y) \mathrm{d}x$ 作变量代换, 令 $x = u - y$, 得

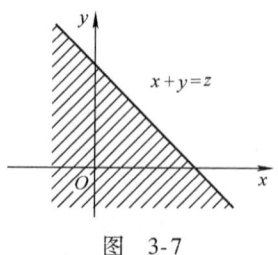

图 3-7

$$\int_{-\infty}^{z-y} f(x,y)\,\mathrm{d}x = \int_{-\infty}^{z} f(u-y,y)\,\mathrm{d}u,$$

于是

$$F_Z(z) = \int_{-\infty}^{+\infty} \mathrm{d}y \int_{-\infty}^{z} f(u-y,y)\,\mathrm{d}u$$

$$= \int_{-\infty}^{z} \left(\int_{-\infty}^{+\infty} f(u-y,y)\,\mathrm{d}y \right) \mathrm{d}u,$$

上式两边对 z 求导数,即得 Z 的概率密度为

$$f_Z(z) = \int_{-\infty}^{+\infty} f(z-y,y)\,\mathrm{d}y, \tag{3-35}$$

同理可得

$$f_Z(z) = \int_{-\infty}^{+\infty} f(x,z-x)\,\mathrm{d}x. \tag{3-36}$$

特别地,当 X 与 Y 相互独立时,则

$$f_Z(z) = \int_{-\infty}^{+\infty} f_X(z-y)f_Y(y)\,\mathrm{d}y, \tag{3-37}$$

或

$$f_Z(z) = \int_{-\infty}^{+\infty} f_X(x)f_Y(z-x)\,\mathrm{d}x. \tag{3-38}$$

上述表明,两个相互独立的连续型随机变量之和仍是连续型随机变量,其概率密度由上述两式计算,这两个公式称为卷积公式.

【例 3-12】 设 $X \sim N(0,1)$, $Y \sim N(0,1)$, X 与 Y 相互独立,求 $Z = X + Y$ 的分布.

解 因为 $f_X(x) = \dfrac{1}{\sqrt{2\pi}} \mathrm{e}^{-\frac{x^2}{2}}$, $f_Y(y) = \dfrac{1}{\sqrt{2\pi}} \mathrm{e}^{-\frac{y^2}{2}}$,所以

$$f_Z(z) = \int_{-\infty}^{+\infty} f_X(x) f_Y(z-x)\,\mathrm{d}x = \frac{1}{2\pi} \int_{-\infty}^{+\infty} \mathrm{e}^{-\frac{x^2}{2}} \mathrm{e}^{-\frac{(z-x)^2}{2}}\,\mathrm{d}x$$

$$= \boxed{} = \frac{1}{\sqrt{2\pi}\sqrt{2}} \mathrm{e}^{-\frac{(z-0)^2}{2(\sqrt{2})^2}},$$

即 $X + Y \sim N(0,2)$.

定理 3-5 若随机变量 $X_1, X_2, \cdots, X_n$ 相互独立,且 $X_i \sim N(\mu_i, \sigma_i^2)$ $(i=1,2,\cdots,n)$,则

$$\sum_{i=1}^{n} a_i X_i \sim N\left(\sum_{i=1}^{n} a_i \mu_i, \sum_{i=1}^{n} a_i^2 \sigma_i^2 \right), \tag{3-39}$$

其中 $a_i (i=1,2,\cdots,n)$ 为不全为 0 的常数.

思考题 3.5:设随机变量 X 与 Y 相互独立, X 服从正态分布 $N(\mu, \sigma^2)$, Y 服从 $[-\pi, \pi]$ 上的均匀分布,试求 $Z = X + Y$ 的概率密度(计算结果用标准正态分布函数 Φ 表示,其中 $\Phi(x) = \dfrac{1}{\sqrt{2\pi}} \int_{-\infty}^{x} \mathrm{e}^{-\frac{t^2}{2}}\,\mathrm{d}t$).

3.5.2 商的分布

设二维连续型随机变量 (X,Y) 的联合概率密度为 $f(x,y)$,求随机变量 $Z = \dfrac{X}{Y}$ 的概率密度. 为此考虑 Z 的分布函数

$$F_Z(z) = P(Z \le z) = P\left(\frac{X}{Y} \le z\right) = \iint\limits_{\frac{x}{y} \le z} f(x,y) \mathrm{d}x \mathrm{d}y,$$

其中二重积分域 $\frac{x}{y} \le z$,如图 3-8 所示.

化成累次积分,得

$$F_Z(z) = \int_{-\infty}^{0} \mathrm{d}y \int_{yz}^{+\infty} f(x,y) \mathrm{d}x + \int_{0}^{+\infty} \mathrm{d}y \int_{-\infty}^{yz} f(x,y) \mathrm{d}x,$$

上式两端对 z 求导,即得 Z 的概率密度为

$$f_Z(z) = -\int_{-\infty}^{0} y f(yz,y) \mathrm{d}y + \int_{0}^{+\infty} y f(yz,y) \mathrm{d}y$$

$$= \int_{-\infty}^{+\infty} |y| f(yz,y) \mathrm{d}y,$$

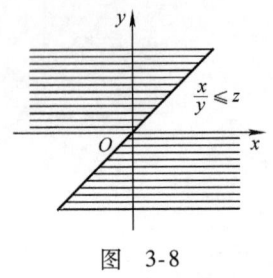

图 3-8

特别地,当 X 与 Y 相互独立时,有

$$f_Z(z) = \int_{-\infty}^{+\infty} |y| f_X(yz) f_Y(y) \mathrm{d}y. \tag{3-40}$$

【例 3-13】 设随机变量 X 与 Y 相互独立,并且都服从指数分布,概率密度分别为

$$f_X(x) = \begin{cases} \lambda \mathrm{e}^{-\lambda x}, & x > 0, \\ 0, & x \le 0, \end{cases}$$

$$f_Y(y) = \begin{cases} \mu \mathrm{e}^{-\mu y}, & y > 0, \\ 0, & y \le 0, \end{cases}$$

求随机变量 $Z = \frac{X}{Y}$ 的概率密度.

解 由公式

$$f_Z(z) = \int_{-\infty}^{+\infty} |y| f_X(yz) f_Y(y) \mathrm{d}y$$

有

$$f_Z(z) = \int_{0}^{+\infty} y f_X(yz) \mu \mathrm{e}^{-\mu y} \mathrm{d}y,$$

由此可见,当 $z \le 0$ 时,$f_Z(z) = 0$;当 $z > 0$ 时,得

$$f_Z(z) = \int_{0}^{+\infty} y \cdot \lambda \mathrm{e}^{-\lambda yz} \cdot \mu \mathrm{e}^{-\mu y} \mathrm{d}y$$

$$= \lambda \mu \int_{0}^{+\infty} y \mathrm{e}^{-(\lambda z + \mu)y} \mathrm{d}y = \frac{\lambda \mu}{(\lambda z + \mu)^2},$$

所以,随机变量 Z 的概率密度为

$$f_X(x) = \begin{cases} \frac{\lambda \mu}{(\lambda z + \mu)^2}, & z > 0, \\ 0, & z \le 0. \end{cases}$$

3.5.3 $M = \max\{X,Y\}$,$N = \min\{X,Y\}$ 的分布

设 X 与 Y 是相互独立的随机变量,X 与 Y 的分布函数分别为 $F_X(x)$,$F_Y(y)$,求 $M = \max\{X,Y\}$,$N = \min\{X,Y\}$ 的分布函数

$F_M(z), F_N(z)$.

由分布函数的定义,$M = \max\{X, Y\}$ 的分布函数为
$$F_M(z) = P(M \leq z) = P(X \leq z, Y \leq z) = P(X \leq z)P(Y \leq z),$$
于是
$$F_M(z) = F_X(z) F_Y(z). \tag{3-41}$$
类似地,$N = \min\{X, Y\}$ 的分布函数为
$$\begin{aligned}F_N(z) &= P(N \leq z) = 1 - P(N > z) = 1 - P(X > z, Y > z) \\ &= 1 - P(X > z)P(Y > z) = 1 - [1 - P(X \leq z)][1 - P(Y \leq z)] \\ &= 1 - [1 - F_X(z)][1 - F_Y(z)]. \end{aligned} \tag{3-42}$$
以上结果很容易推广到 n 个相互独立的随机变量的情况.

设 $X_1, X_2, \cdots, X_n$ 是 n 个相互独立的随机变量,它们的分布函数分别为 $F_{X_i}(x_i)(i = 1, 2, \cdots, n)$,则 $M = \max\{X_1, X_2, \cdots, X_n\}$,$N = \min\{X_1, X_2, \cdots, X_n\}$ 的分布函数分别为

$$F_M(z) = \prod_{i=1}^n F_{X_i}(z), \tag{3-43}$$

$$F_N(z) = 1 - \prod_{i=1}^n [1 - F_{X_i}(z)], \tag{3-44}$$

当 $X_1, X_2, \cdots, X_n$ 有相同的分布函数 $F(z)$ 时,
$$F_M(z) = F_{X_1}(z) F_{X_2}(z) \cdots F_{X_n}(z) = F^n(z), \tag{3-45}$$
$$F_N(z) = 1 - [1 - F_{X_1}(z)][1 - F_{X_2}(z)] \cdots [1 - F_{X_n}(z)] = 1 - [1 - F(z)]^n. \tag{3-46}$$

【例 3-14】 某种型号的电子元件寿命(单位:h)近似服从 $N(160, 20^2)$ 分布,随机选 4 件,求其中没有一件寿命小于 180h 的概率.

解 设选取的 4 件电子元件,其寿命分别是 T_1, T_2, T_3, T_4,$T_i \sim N(160, 20^2)$,$i = 1, 2, 3, 4$,对应的分布函数为 $F(t)$,令 $T = \min\{T_1, T_2, T_3, T_4\}$,则所求的概率为
$$\begin{aligned}P(T \geq 180) &= P(\min\{T_1, T_2, T_3, T_4\} \geq 180) = [1 - F(180)]^4 \\ &= \left[1 - \Phi\left(\frac{180 - 160}{20}\right)\right]^4 \\ &= [1 - \Phi(1)]^4 = (1 - 0.8413)^4 \approx 0.00063.\end{aligned}$$

3.5.4 二维随机变量函数其他形式的分布

【例 3-15】 设 X, Y 相互独立,边缘概率密度分别为
$$f_X(x) = \begin{cases} \dfrac{2}{\sqrt{\pi}} e^{-x^2}, & x > 0, \\ 0, & \text{其他,} \end{cases} \qquad f_Y(y) = \begin{cases} \dfrac{2}{\sqrt{\pi}} e^{-y^2}, & y > 0, \\ 0, & \text{其他,} \end{cases}$$
求 $Z = \sqrt{X^2 + Y^2}$ 的概率密度.

解 因为 X, Y 相互独立,所以其联合概率密度为

$$f(x,y) = f_X(x)f_Y(y) = \begin{cases} \dfrac{4}{\pi} e^{-(x^2+y^2)}, & x>0, y>0, \\ 0, & 其他. \end{cases}$$

当 $z<0$ 时, Z 的分布函数为

$$F_Z(z) = P(\sqrt{X^2+Y^2} \leq z) = 0,$$

当 $z \geq 0$ 时, Z 的分布函数为

$$F_Z(z) = P(\sqrt{X^2+Y^2} \leq z) = \iint\limits_{x^2+y^2 \leq z^2} f(x,y) \mathrm{d}x\mathrm{d}y$$

$$= \frac{4}{\pi} \iint\limits_{\substack{x^2+y^2 \leq z^2 \\ x \geq 0, y \geq 0}} e^{-(x^2+y^2)} \mathrm{d}x\mathrm{d}y$$

$$= \frac{4}{\pi} \int_0^{\frac{\pi}{2}} \mathrm{d}\theta \int_0^z e^{-\rho^2} \rho \mathrm{d}\rho = 1 - e^{-z^2},$$

于是, Z 的概率密度为

$$f_Z(z) = F_Z'(z) = \begin{cases} 2ze^{-z^2}, & z \geq 0, \\ 0, & z<0. \end{cases}$$

【例 3-16】 设随机变量 X 与 Y 相互独立, X 的概率分布为 $P(X=i) = \dfrac{1}{3}(i=-1,0,1)$, Y 的概率密度为

$$f_Y(y) = \begin{cases} 1, & 0 \leq y < 1, \\ 0, & 其他, \end{cases}$$

记 $Z=X+Y$, 求 (1) $P\left(Z \leq \dfrac{1}{2} \bigg| X=0\right)$; (2) Z 的概率密度 $f_Z(z)$.

解 (1) $P\left(Z \leq \dfrac{1}{2} \bigg| X=0\right) = \dfrac{P\left(X=0, Z \leq \dfrac{1}{2}\right)}{P(X=0)} = \dfrac{P\left(X=0, Y \leq \dfrac{1}{2}\right)}{P(X=0)}$

$$= P\left(Y \leq \frac{1}{2}\right) = \frac{1}{2}.$$

(2) 先求 Z 的分布函数 $F_Z(z)$. 设 Y 的分布函数为 $F_Y(y)$, 则

$F_Z(z) = P(Z \leq z) = P(X+Y \leq z)$

$= P(X+Y \leq z, X=-1) + P(X+Y \leq z, X=0) + P(X+Y \leq z, X=1)$

$= P(Y \leq z+1, X=-1) + P(Y \leq z, X=0) + P(Y \leq z-1, X=1)$

$= P(Y \leq z+1)P(X=-1) + P(Y \leq z)P(X=0) + P(Y \leq z-1)P(X=1)$

$= \dfrac{1}{3}[F_Y(z+1) + F_Y(z) + F_Y(z-1)],$

于是, Z 的概率密度为

$$f_Z(z) = F_Z'(z) = \frac{1}{3}[f_Y(z+1) + f_Y(z) + f_Y(z-1)]$$

$$= \begin{cases} \dfrac{1}{3}, & -1 \leq z < 2, \\ 0, & 其他. \end{cases}$$

习题 3.5

1. 设 (X,Y) 的联合概率分布为

X \ Y	-1	0	1	2
-1	0.2	0.15	0.1	0.3
2	0.1	0	0.1	0.05

求二维随机变量的函数 Z 的分布：
(1) $Z = X + Y$；(2) $Z = XY$。

2. 设 X, Y 相互独立，概率密度分别为

$$f_X(x) = \begin{cases} 1, & 0 \le x \le 1 \\ 0, & 其他 \end{cases}, \quad f_Y(y) = \begin{cases} e^{-y}, & y > 0 \\ 0, & 其他 \end{cases}$$

求随机变量 $Z = X + Y$ 的概率密度。

3. 设 X, Y 是相互独立的随机变量，它们都服从参数为 n, p 的二项分布。证明：$Z = X + Y$ 服从参数为 $2n, p$ 的二项分布。

4. 设 X 与 Y 是独立同分布的离散型随机变量，其概率分布为

$$P(X = n) = P(Y = n) = \frac{1}{2^n}, n = 1, 2, \cdots,$$

求 $Z = X + Y$ 的概率分布。

5. 设随机变量 X 与 Y 独立同分布，其概率密度为

$$f(x) = \frac{1}{2a} e^{-\frac{|x|}{a}} (a > 0),$$

求 $Z = X + Y$ 的概率密度。

总习题 3

(A)

1. 将两封信随机地往 4 个邮筒内投放，每封信被投进这 4 个邮筒的可能性相同。用 X, Y 分别表示投入第一个和第二个邮筒的信的数目，试求 (X, Y) 的联合概率分布。

2. 6 个乒乓球中有 4 个是新球，第一次取出 2 个，用完后放回去，第二次又取出 2 个，X, Y 分别表示第一次与第二次取到的新球个数，求 (X, Y) 的联合概率分布。

3. 将 3 个乒乓球随机地放入 4 个盒子中，用 X, Y 分别表示第一个盒子和第二个盒子里的乒乓球数，求 X 和 Y 的联合概率分布。

4. 设 (X, Y) 的概率密度为

$$f(x, y) = \begin{cases} A\sin(x+y), & 0 \le x \le \frac{\pi}{2}, 0 \le y \le \frac{\pi}{2} \\ 0, & 其他 \end{cases}$$

求常数 A。

5. 设二维随机变量 (X, Y) 在以原点为中心，以 2 为半径的圆域上服从均匀分布，求 $P(0 < X < 1, 0 < Y < 1)$。

6. 设随机变量 (X, Y) 的分布函数为

$$F(x, y) = \begin{cases} (1 - e^{-2x})(1 - e^{-y}), & x > 0, y > 0 \\ 0, & 其他 \end{cases}$$

求 $P(0 < X < 1, 1 < Y < 2)$。

7. 盒中装有某种产品 8 个，其中 6 个是正品，其他为次品。现从盒中随机抽取产品两次，每次取一个，考虑放回抽样的情况。用 X 表示第一次取得的正品数，Y 表示第二次取得的正品数，试求 (1) (X, Y) 的联合概率分布；(2) (X, Y) 分别关于 X 和 Y 的边缘概率分布。

8. 一个袋中有 10 个球，其中有红球 4 个、白球 5 个、黑球 1 个，不放回地抽取两次，每次一个，记 X 表示两次中取到的红球数目，Y 表示取到的白球数目，求 (X, Y) 的概率分布及 X 与 Y 的边缘概率分布。

9. 设随机变量 (X, Y) 服从区域 D 上的均匀分布，其联合概率密度为 $f(x, y)$，其中 $D = \left\{ (x, y) \left| \frac{x^2}{4} + \frac{y^2}{4} \le 1 \right. \right\}$，求关于 X 及关于 Y 的边缘概率密度。

10. 已知 (X, Y) 的概率分布如下：

X \ Y	-1	0	2
0	0.1	0.05	0.1
1	0.1	0.05	0.1
2	0.2	0.1	0.2

求 X 在 $Y=0$ 的条件下的条件概率分布.

11. 某射手在射击中,每次击中目标的概率为 $p(0<p<1)$,射击进行到第二次击中目标为止. X_i 表示第 i 次击中目标时所进行的射击次数 $(i=1,2)$. 求 X_1 和 X_2 的联合概率分布以及它们的条件概率分布.

12. 设随机变量 (X,Y) 的联合概率密度为
$$f(x,y)=\begin{cases}4xy, & 0\leq x\leq 1, 0\leq y\leq 1,\\ 0, & \text{其他},\end{cases}$$
求条件概率密度 $f_{X|Y}(x|y), f_{Y|X}(y|x)$.

13. 设随机变量 (X,Y) 的联合概率密度为
$$f(x,y)=\begin{cases}3x, & 0<x<1, 0<y<x,\\ 0, & \text{其他},\end{cases}$$
求条件概率密度 $f_{Y|X}(y|x)$.

14. 设 (X,Y) 的概率分布为

X \ Y	-1	0	2
0	0.1	0.05	0.1
1	0.1	0.05	0.1
2	0.2	0.1	0.2

问 X 与 Y 是否相互独立?

15. 若 X,Y 的联合概率密度为
$$f(x,y)=\begin{cases}Cxy^2, & 0<x<1, 0<y<1,\\ 0, & \text{其他},\end{cases}$$
(1) 求参数 C; (2) 证明 X 与 Y 相互独立.

16. 已知二维随机变量 (X,Y) 只取 $(0,0),(-1,1),(-1,2)$ 及 $(2,0)$ 四对值,相应概率依次为 $\frac{1}{12},\frac{1}{6},\frac{1}{3}$ 和 $\frac{5}{12}$,试写出 (X,Y) 的概率分布表,求 Y 的边缘概率分布及 $Z=X+Y$ 的概率分布.

17. 袋中有 10 张卡片,其中有 m 张卡片上写有数字 $m(m=1,2,3,4)$,从中不重复地抽取 2 张,每次一张,记 X_i 表示第 i 次取到的卡片上的数字 $(i=1,2)$. 求 (X_1,X_2) 的概率分布以及 X_1+X_2, X_1X_2 的概率分布.

(B)

1. 填空题

(1) 设二维随机变量 (X,Y) 的概率分布为

X \ Y	0	1
0	0.4	a
1	b	0.1

若随机事件 $\{X=0\}$ 与 $\{X+Y=1\}$ 相互独立,则 $a=\underline{\quad}, b=\underline{\quad}$.

(2) 设随机变量 X 与 Y 相互独立,且均服从区间 $[0,3]$ 上的均匀分布,$P\{\max(X,Y)\leq 1\}=\underline{\quad}$.

(3) 设二维随机变量 (X,Y) 服从正态分布 $N(1,0,1,1,0)$,则 $P(XY-Y<0)=\underline{\quad}$.

2. 选择题

(1) 设随机变量 $X_i \sim \begin{pmatrix} -1 & 0 & 1 \\ \frac{1}{4} & \frac{1}{2} & \frac{1}{4} \end{pmatrix}(i=1,2)$,且满足 $P(X_1X_2=0)=1$,则 $P(X_1=X_2)$ 等于( ).

A. 0 B. $\frac{1}{4}$ C. $\frac{1}{2}$ D. 1

(2) 设随机变量 (X,Y) 服从二维正态分布,且 X 与 Y 不相关,$f_X(x), f_Y(y)$ 分别表示 X,Y 的概率密度,则在 $Y=y$ 的条件下,X 的条件概率密度 $f_{X|Y}(x|y)=$( ).

A. $f_X(x)$ B. $f_Y(y)$
C. $f_X(x)f_Y(y)$ D. $\frac{f_X(x)}{f_Y(y)}$

(3) 设随机变量 X,Y 独立同分布,且 X 的分布函数为 $F(x)$,则 $Z=\max\{X,Y\}$ 的分布函数为( ).

A. $F^2(x)$

B. $F(x)F(y)$
C. $1-[1-F(x)]^2$
D. $[1-F(x)][1-F(y)]$

(4) 设随机变量 X 与 Y 相互独立,且 X 服从标准正态分布 $N(0,1)$,Y 的概率分布为 $P(Y=0)=P(Y=1)=\frac{1}{2}$,记 $F_Z(z)$ 为随机变量 $Z=XY$ 的分布函数,则函数 $F_Z(z)$ 的间断点个数为( ).

A. 0　　B. 1　　C. 2　　D. 3

(5) 设随机变量 X 与 Y 相互独立,且都服从区间 $(0,1)$ 上的均匀分布,则 $P\{X^2+Y^2 \leq 1\}=$( ).

A. $\frac{1}{4}$　　B. $\frac{1}{2}$

C. $\frac{\pi}{8}$　　D. $\frac{\pi}{4}$

(6) 设随机变量 X 和 Y 相互独立,且 X 和 Y 的概率分布为

X	0	1	2	3
P	$\frac{1}{2}$	$\frac{1}{4}$	$\frac{1}{8}$	$\frac{1}{8}$

Y	-1	0	1
P	$\frac{1}{3}$	$\frac{1}{3}$	$\frac{1}{3}$

则 $P\{X+Y=2\}=$( ).

A. $\frac{1}{12}$　　B. $\frac{1}{8}$

C. $\frac{1}{6}$　　D. $\frac{1}{2}$

3. 设 A,B 是两个随机事件,随机变量
$X=\begin{cases}1, & A\text{ 出现},\\ -1, & A\text{ 不出现},\end{cases}$ $Y=\begin{cases}1, & B\text{ 出现},\\ -1, & B\text{ 不出现},\end{cases}$
试证明:随机变量 X 和 Y 不相关的充分必要条件是 A 与 B 相互独立.

4. 设随机变量 X 和 Y 的联合分布是正方形 $G=\{(x,y)|1 \leq x \leq 3, 1 \leq y \leq 3\}$ 上的均匀分布,试求随机变量 $U=|X-Y|$ 的概率密度 $f(u)$.

5. 假设一设备开机后无故障工作的时间 X 服从指数分布,平均无故障工作的时间 $E(X)$ 为 5 小时. 设备定时开机,出现故障时自动关机,而在无故障的情况下工作 2 小时便关机. 试求该设备每次开机无故障工作的时间 Y 的分布函数 $F(Y)$.

6. 设随机变量 X 与 Y 相互独立,其中 X 的概率分布为 $X \sim \begin{pmatrix} 1 & 2 \\ 0.3 & 0.7 \end{pmatrix}$,而 Y 的概率密度为 $f(y)$,求随机变量 $U=X+Y$ 的概率密度 $g(u)$.

7. 设二维随机变量 (X,Y) 的概率密度为
$$f(x,y)=\begin{cases}1, & 0<x<1, 0<y<2x,\\ 0, & \text{其他},\end{cases}$$
求 (1) (X,Y) 的边缘概率密度 $f_X(x), f_Y(y)$;
(2) $Z=2X-Y$ 的概率密度 $f_Z(z)$;
(3) $P\left(Y \leq \frac{1}{2} \mid X \leq \frac{1}{2}\right)$.

8. 设二维随机变量 (X,Y) 的概率密度为
$$f(x,y)=\begin{cases}2-x-y, & 0<x<1, 0<y<1,\\ 0, & \text{其他},\end{cases}$$
求 (1) $P(X>2Y)$;(2) $Z=X+Y$ 的概率密度 $f_Z(z)$.

9. 设二维随机变量 (X,Y) 的概率密度为
$$f(x,y)=\begin{cases}e^{-x}, & 0<y<x,\\ 0, & \text{其他},\end{cases}$$
(1) 求条件概率密度 $f_{Y|X}(y|x)$;(2) 求 $P(X \leq 1 | Y \leq 1)$.

10. 袋中有 1 个红球、2 个黑球与 3 个白球. 现有放回地从袋中取两次,每次取一个球. 以 X, Y, Z 分别表示两次取球所取得的红球、黑球与白球的个数.
(1) 求 $P(X=1|Z=0)$;(2) 求二维随机变量 (X,Y) 的概率分布.

11. 设二维随机变量 (X,Y) 的概率密度为 $f(x,y)=Ae^{-2x^2+2xy-y^2}$,$-\infty<x<+\infty$,$-\infty<y<+\infty$,求常数 A 及条件概率密度 $f_{Y|X}(y|x)$.

12. (X,Y) 在 G 上服从均匀分布,G 由 $x-y=0, x+y=2$ 与 $y=0$ 围成. (1) 求边缘概率密度 $f_X(x)$;(2) 求 $f_{X|Y}(x|y)$.

13. 设 (X,Y) 是二维随机变量, X 的边缘概率密度为 $f_X(x) = \begin{cases} 3x^2, & 0 < x < 1, \\ 0, & 其他, \end{cases}$ 在给定 $X = x(0 < x < 1)$ 的条件下, Y 的条件概率密度为 $f_{Y|X}(y|x) = \begin{cases} \dfrac{3y^2}{x^3}, & 0 < y < x, \\ 0, & 其他. \end{cases}$ (1) 求 (X,Y) 的概率密度 $f(x,y)$; (2) 求 Y 的边缘概率密度 $f_Y(y)$; (3) 求 $P(X > 2Y)$.

14. 设二维随机变量 (X,Y) 在区域 $D = \{(x,y) \mid 0 < x < 1, x^2 < y < \sqrt{x}\}$ 上服从均匀分布, 令 $U = \begin{cases} 1, & X \leq Y, \\ 0, & X > Y. \end{cases}$ (1) 写出 (X,Y) 的概率密度; (2) 问 U 与 X 是否相互独立? 并说明理由; (3) 求 $Z = U + X$ 的分布函数 $F(z)$.

第4章
随机变量的数字特征

前面讨论了随机变量的分布函数,我们看到分布函数能够完整地描述随机变量的统计特性. 但在一些实际问题中,不需要完全考察随机变量的变化情况,只需要知道随机变量的某些特征,因而并不需要求出它的分布函数. 本章将要介绍随机变量的几个常见的数字特征.

4.1 随机变量的数学期望

4.1.1 离散型随机变量的数学期望

先看一个例子.

设某射击运动员射击一次命中的环数 X 的概率分布为

X	0	1	2	$\cdots$	10
P	p_0	p_1	p_2	$\cdots$	p_{10}

试确定该运动员的技术水平,即射击一次命中环数 X 的平均值.

设想该运动员进行了 N 次射击,其中有 n_0 次命中 0 环,有 n_1 次命中 1 环,有 n_2 次命中 2 环,$\cdots$,有 n_{10} 次命中 10 环. 显然,$\sum_{k=0}^{10} n_k = N$,则他每次射击平均命中环数为

$$E_N = \frac{1}{N}(0 \times n_0 + 1 \times n_1 + 2 \times n_2 + \cdots + 10 \times n_{10})$$

$$= \sum_{k=0}^{10} k \frac{n_k}{N}.$$

一般地,N 越大,算出的 E_N 越能反映出该运动员的技术水平. 但当 N 充分大时,$\frac{n_k}{N}$ 近似地等于该运动员射击一次命中 k 环的概率 $p_k(k=0,1,2,\cdots,10)$,于是自然应该采用下面的数值作为 X 的平均值

$$\sum_{k=0}^{10} kP(X=k) = \sum_{k=0}^{10} kp_k.$$

这个例子告诉我们,一个离散型随机变量取值的平均值应该是

其每一个可能取值与取该值的概率乘积之和. 由此引出数学期望的定义.

定义 4-1 离散型随机变量 X 的一切可能值 x_k 与对应的概率 p_k 的乘积的和称为随机变量 X 的数学期望,记作 $E(X)$,即

$$E(X) = x_1 p_1 + x_2 p_2 + \cdots + x_k p_k + \cdots = \sum_{k=1}^{\infty} x_k p_k. \quad (4-1)$$

离散型随机变量的数学期望是一个绝对收敛的级数的和,数学期望简称**期望**,又称均值.

【例 4-1】 设随机变量 X 服从参数为 p 的两点分布,求 $E(X)$.

解 由题设知,X 的概率分布为

X	1	0
P	p	$1-p$

于是

$$E(X) = 1 \cdot p + 0 \cdot (1-p) = p.$$

下面再介绍一下二项分布与泊松分布的数学期望.

【例 4-2】 设随机变量 $X \sim B(n,p)$,求 $E(X)$.

解
$$E(X) = \sum_{m=0}^{n} m C_n^m p^m q^{n-m} = \sum_{m=1}^{n} m C_n^m p^m q^{n-m}$$
$$= np \sum_{m=1}^{n} C_{n-1}^{m-1} p^{m-1} q^{n-m},$$

令 $k = m-1$,得

$$E(X) = np \sum_{k=0}^{n-1} C_{n-1}^k p^k q^{n-1-k} = np(q+p)^{n-1} = np.$$

【例 4-3】 设随机变量 $X \sim P(\lambda)$,求 $E(X)$.

解
$$E(X) = \sum_{m=0}^{\infty} m \frac{\lambda^m}{m!} e^{-\lambda} = \lambda e^{-\lambda} \sum_{m=1}^{\infty} \frac{\lambda^{m-1}}{(m-1)!},$$

令 $k = m-1$,则

$$E(X) = \lambda e^{-\lambda} \sum_{k=0}^{\infty} \frac{\lambda^k}{k!} = \lambda e^{-\lambda} \cdot e^{\lambda} = \lambda.$$

4.1.2 连续型随机变量的数学期望

结合已学的微积分知识,参照离散型随机变量数学期望的概念,下面可以引入连续型随机变量数学期望的概念.

定义 4-2 设连续型随机变量 X 的概率密度为 $f(x)$,则 X 的数学期望为

$$E(X) = \int_{-\infty}^{+\infty} x f(x) \, dx. \quad (4-2)$$

连续型随机变量的数学期望是一个绝对收敛的积分,即积分 $\int_{-\infty}^{+\infty} |x| f(x) \mathrm{d}x$ 是存在的,也就是绝对收敛的.

【例 4-4】 设随机变量 X 服从均匀分布,求 $E(X)$.

解 随机变量 X 服从均匀分布,其概率密度为
$$f(x) = \begin{cases} \dfrac{1}{b-a}, & a \leqslant x \leqslant b, \\ 0, & \text{其他}, \end{cases}$$
则
$$E(X) = \int_{-\infty}^{+\infty} x f(x) \mathrm{d}x = \boxed{} = \frac{a+b}{2}.$$

【例 4-5】 设随机变量 X 服从指数分布,求 $E(X)$.

解 随机变量 X 服从指数分布,其概率密度为
$$f(x) = \begin{cases} \lambda \mathrm{e}^{-\lambda x}, & x > 0, \\ 0, & x \leqslant 0, \end{cases}$$
则
$$E(X) = \int_{-\infty}^{+\infty} x f(x) \mathrm{d}x = \int_{0}^{+\infty} \lambda x \mathrm{e}^{-\lambda x} \mathrm{d}x = \frac{1}{\lambda}.$$

【例 4-6】 设随机变量 X 服从柯西分布,其概率密度为
$$f(x) = \frac{1}{\pi(1+x^2)}, \quad -\infty < x < +\infty,$$
求 $E(X)$.

解 按公式(4-2),应有
$$E(X) = \frac{1}{\pi} \int_{-\infty}^{+\infty} \frac{x}{1+x^2} \mathrm{d}x,$$
但是,因为反常积分 $\int_{-\infty}^{+\infty} \dfrac{x}{1+x^2} \mathrm{d}x$ 不绝对收敛,所以数学期望 $E(X)$ 不存在.

4.1.3 随机变量函数的数学期望

设 X 是一个随机变量,求随机变量函数 $Y = g(X)$ 的数学期望 $E(Y)$,可以先求出 Y 的概率分布,再求其数学期望,这样做一般情况下比较麻烦.下面的定理给出了求随机变量函数的数学期望的一种简单方法.

定理 4-1 (1)设 X 是离散型随机变量,X 的概率分布为 $P(X = x_k) = p_k (k = 1, 2, 3, \cdots)$,$Y = g(X)$($g$ 是连续函数),若 $\sum\limits_{k=1}^{\infty} g(x_k) p_k$ 绝对收敛,则
$$E(Y) = E[g(X)] = \sum_{k=1}^{\infty} g(x_k) p_k. \tag{4-3}$$

(2)设 X 是连续型随机变量,X 的概率密度为 $f(x)$,$Y = g(X)$ (g 是连续函数),若 $\int_{-\infty}^{+\infty} f(x)g(x)\mathrm{d}x$ 绝对收敛,则

$$E(Y) = E[g(X)] = \int_{-\infty}^{+\infty} g(x)f(x)\mathrm{d}x. \quad (4\text{-}4)$$

【例 4-7】 设随机变量 X 的概率分布为

X	-2	-1	0	1	2	3
P	0.10	0.20	0.25	0.20	0.15	0.10

求 $Y = X^2$ 的数学期望.

解 按公式(4-3)得

$$E(Y) = (-2)^2 \times 0.10 + (-1)^2 \times 0.20 + 0^2 \times 0.25 +$$
$$1^2 \times 0.20 + 2^2 \times 0.15 + 3^2 \times 0.10$$
$$= 2.30.$$

【例 4-8】 设随机变量 X 的概率密度为

$$f(x) = \begin{cases} \dfrac{1}{\pi}, & 0 < x < \pi, \\ 0, & \text{其他}, \end{cases}$$

求 $Y = \sin X$ 的数学期望.

解
$$E(Y) = E[g(X)] = \int_{-\infty}^{+\infty} g(x)f(x)\mathrm{d}x$$
$$= \int_0^{\pi} \sin x \cdot \frac{1}{\pi}\mathrm{d}x = \frac{2}{\pi}.$$

此例也可先求出 $Y = \sin X$ 的概率密度,再求其数学期望,但显然较复杂,读者可自己完成.

定理 4-2 设 (X,Y) 是二维随机变量,随机变量 $Z = g(X,Y)$ (g 是连续函数).

(1)若 (X,Y) 是二维离散型随机变量,其联合概率分布为 $P(X = x_i, Y = y_j) = p_{ij}(i,j = 1,2,\cdots)$,且级数 $\sum_i \sum_j g(x_i,y_j)p_{ij}$ 绝对收敛,则随机变量 $Z = g(X,Y)$ 的数学期望为

$$E(Z) = E[g(X,Y)] = \sum_i \sum_j g(x_i,y_j)p_{ij}. \quad (4\text{-}5)$$

(2)若 (X,Y) 是二维连续型随机变量,其联合概率密度为 $f(x,y)$,且 $\int_{-\infty}^{+\infty}\int_{-\infty}^{+\infty} g(x,y)f(x,y)\mathrm{d}x\mathrm{d}y$ 绝对收敛,则随机变量 $Z = g(X,Y)$ 的数学期望为

$$E(Z) = E[g(X,Y)] = \int_{-\infty}^{+\infty}\int_{-\infty}^{+\infty} g(x,y)f(x,y)\mathrm{d}x\mathrm{d}y. \quad (4\text{-}6)$$

【例 4-9】 设二维离散型随机变量 (X,Y) 的联合概率分布为

X \ Y	0	1
−1	$\frac{1}{4}$	0
0	0	$\frac{1}{2}$
1	$\frac{1}{4}$	0

求 $Z = X + Y, Z = XY$, 及 $Z = \max(X,Y)$ 的数学期望.

解 $E(Z) = E(X+Y) = (-1+0) \times \frac{1}{4} + (0+0) \times 0 + (1+0) \times \frac{1}{4} + (-1+1) \times 0 + (0+1) \times \frac{1}{2} + (1+1) \times 0 = \frac{1}{2}$,

$E(Z) = E(XY) = (-1) \times 0 \times \frac{1}{4} + 0 \times 0 \times 0 + 1 \times 0 \times \frac{1}{4} + (-1) \times 1 \times 0 + 0 \times 1 \times \frac{1}{2} + 1 \times 1 \times 0 = 0$,

$E(Z) = E(\max(X,Y)) = 0 \times \frac{1}{4} + 0 \times 0 + 1 \times \frac{1}{4} + 1 \times 0 + 1 \times \frac{1}{2} + 1 \times 0 = \frac{3}{4}$.

【例 4-10】 一商店经销某种商品, 每周进货的数量 X 与顾客对该种商品的需求量 Y 是相互独立的随机变量, 且都服从区间 $[10,20]$ 上的均匀分布. 商店每出售一单位商品可得利润 1 000 元; 若需求量超过了进货量, 商店可从其他商店调剂供应, 这时每单位商品获利润为 500 元. 试计算此商店经销该种商品每周所得利润的期望值.

解 用 Z 表示每周所得到的利润, 则

$$Z = \begin{cases} 1\,000Y, & Y \leq X, \\ 1\,000X + 500(Y-X) = 500(X+Y), & Y > X, \end{cases}$$

由于 X 与 Y 相互独立, 得其联合概率密度为

$$f(x,y) = \begin{cases} \frac{1}{100}, & 10 \leq x \leq 20, 10 \leq y \leq 20, \\ 0, & \text{其他}, \end{cases}$$

所以

$$\begin{aligned} E(Z) &= \iint_{D_1} 1\,000y \cdot \frac{1}{100} \mathrm{d}x\mathrm{d}y + \iint_{D_2} 500(x+y) \cdot \frac{1}{100} \mathrm{d}x\mathrm{d}y \\ &= 10 \int_{10}^{20} \mathrm{d}y \int_{y}^{20} y \mathrm{d}x + 5 \int_{10}^{20} \mathrm{d}y \int_{10}^{y} (x+y) \mathrm{d}x \\ &= 10 \int_{10}^{20} y(20-y) \mathrm{d}y + 5 \int_{10}^{20} \left(\frac{3}{2}y^2 - 10y - 50\right) \mathrm{d}y \\ &= \frac{20\,000}{3} + 5 \times 1\,500 \approx 14\,166.67. \end{aligned}$$

4.1.4 数学期望的性质

以下假定随机变量的数学期望存在.

性质 1 常量的数学期望等于这个常量,即
$$E(C) = C,$$
其中 C 是常量.

性质 2 常量与随机变量的乘积的数学期望等于这个常量与随机变量的数学期望的乘积,即
$$E(CX) = CE(X).$$

性质 3 两个随机变量的和或差的数学期望等于它们的数学期望的和或差,即
$$E(X \pm Y) = E(X) \pm E(Y).$$

证明 仅对连续型情形进行证明,离散型情形读者可自己完成.

设 (X,Y) 是连续型随机变量,其联合概率密度为 $f(x,y)$,X,Y 的概率密度分别为 $f_X(x), f_Y(y)$,则

$$\begin{aligned} E(X \pm Y) &= \int_{-\infty}^{+\infty}\int_{-\infty}^{+\infty}(x \pm y)f(x,y)\mathrm{d}x\mathrm{d}y \\ &= \int_{-\infty}^{+\infty}\left[x\int_{-\infty}^{+\infty}f(x,y)\mathrm{d}y\right]\mathrm{d}x \pm \int_{-\infty}^{+\infty}\left[y\int_{-\infty}^{+\infty}f(x,y)\mathrm{d}x\right]\mathrm{d}y \\ &= \int_{-\infty}^{+\infty}xf_X(x)\mathrm{d}x \pm \int_{-\infty}^{+\infty}yf_Y(y)\mathrm{d}y = E(X) \pm E(Y). \end{aligned}$$

性质 3 可以推广到任意有限个随机变量代数和的情形,即
$$E(X_1 \pm X_2 \pm \cdots \pm X_n) = E(X_1) \pm E(X_2) \pm \cdots \pm E(X_n).$$

性质 4 设 X 与 Y 是两个相互独立的随机变量,则
$$E(XY) = E(X)E(Y).$$

证明 仅对连续型情形进行证明,离散型情形读者可自己完成.

设 (X,Y) 是连续型随机变量,其联合概率密度为 $f(x,y)$,X,Y 的概率密度分别为 $f_X(x), f_Y(y)$,因为 X 与 Y 相互独立,所以 $f(x,y) = f_X(x) \cdot f_Y(y)$,则

$$\begin{aligned} E(XY) &= \int_{-\infty}^{+\infty}\int_{-\infty}^{+\infty}xyf(x,y)\mathrm{d}x\mathrm{d}y \\ &= \int_{-\infty}^{+\infty}\int_{-\infty}^{+\infty}xyf_X(x)f_Y(y)\mathrm{d}x\mathrm{d}y \\ &= \int_{-\infty}^{+\infty}xf_X(x)\mathrm{d}x\int_{-\infty}^{+\infty}yf_Y(y)\mathrm{d}y = E(X)E(Y). \end{aligned}$$

性质 4 可以推广到有限个相互独立的随机变量之积的情形,即设 $X_1, X_2, \cdots, X_n$ 相互独立,则
$$E(X_1 X_2 \cdots X_n) = E(X_1)E(X_2)\cdots E(X_n).$$

【例 4-11】 设一电路中电流 I(单位：A) 与电阻 R(单位：Ω) 是两个相互独立的随机变量，其概率密度分别为

$$P_I(i) = \begin{cases} 2i, & 0 \leq i \leq 1, \\ 0, & \text{其他}, \end{cases} \quad P_R(r) = \begin{cases} \dfrac{r^2}{9}, & 0 \leq r \leq 3, \\ 0, & \text{其他}, \end{cases}$$

求电压 $V = RI$ 的均值.

解
$$\begin{aligned} E(V) &= E(RI) = E(R)E(I) \\ &= \left[\int_{-\infty}^{+\infty} rP_R(r)\,dr\right]\left[\int_{-\infty}^{+\infty} iP_I(i)\,di\right] \\ &= \underline{\qquad\qquad} \\ &= 1.5, \end{aligned}$$

即电压的均值为 1.5V.

思考题 4.1：5 件产品中混有 2 件次品，现每次不放回地从中随机地取出一件进行检验，直到两个次品都被查到为止. 求所需检验次数 X 的数学期望 $E(X)$.

习题 4.1

1. 设随机变量 X 的概率分布为

X	-2	0	2
P	0.4	0.3	0.3

求 $E(X), E(X^2), E(3X^2+5)$.

2. 对某一目标进行射击，直到击中目标为止，如果每次射击的命中率为 p，求射击次数的数学期望.

3. 设随机变量 X 的概率密度为

$$f(x) = \begin{cases} e^{-x}, & x > 0, \\ 0, & x \leq 0, \end{cases}$$

求 (1) $Y = 2X$；(2) $Y = e^{-2X}$ 的数学期望.

4. 已知 X 与 Y 的概率分布分别为

X	1	2	3
P	0.3	0.5	0.2

Y	6	a
P	0.4	0.6

并且 $E(X+Y) = 8.5$，求 (1) $E(X), E(2X), E(Y)$；(2) $E(2Y^2+3)$.

5. 设 (X, Y) 等可能地取 $(-1, 0)$，$(0, -1)$，$(1, 0)$ 和 $(0, 1)$，试判断 (1) $E(XY)$ 与 $E(X)E(Y)$ 是否相等？(2) X 与 Y 是否相互独立？

6. 某公司生产的机器的无故障工作时间 X(单位：万 h) 的概率密度函数为

$$f(x) = \begin{cases} \dfrac{2}{x^2}, & x \geq 2, \\ 0, & \text{其他}. \end{cases}$$

公司每售出一台机器可获利 1 600 元，若机器售出后使用 2.2 万 h 之内出故障，则应予以更换，这时每台亏损 1 200 元；若在 2.2 万 ~3 万 h 间出故障，则予以维修，由公司负担维修费 400 元；在使用 3 万 h 后出故障，则用户自己负责. 求该公司售出每台机器的平均获利.

4.2 随机变量的方差

4.2.1 方差的定义

前面我们学习了随机变量的数学期望,它体现了随机变量取值的平均水平,是随机变量的一个重要的数字特征,但在一定场合,仅仅知道平均值是不够的. 例如,X,Y 服从如下均匀分布:

$$f_X(x) = \begin{cases} \dfrac{1}{2}, & |x| \leqslant 1, \\ 0, & |x| > 1, \end{cases} \quad f_Y(y) = \begin{cases} \dfrac{1}{200}, & |y| \leqslant 100, \\ 0, & |y| > 100, \end{cases}$$

它们的数学期望 $E(X) = E(Y) = 0$.

显然,X 的取值区间较小,而 Y 的取值区间较大,或者说,X 的可能值比较集中,而 Y 的可能值则比较分散. 因此,为了显示随机变量的一切可能值在其数学期望周围的分散程度或者是偏离程度,我们引进随机变量分布的另一个重要的数字特征——方差.

我们先给出方差的定义.

定义 4-3 设 X 是一个随机变量,如果 $E\{[X - E(X)]^2\}$ 存在,则称 $E\{[X - E(X)]^2\}$ 为 X 的方差,记为 $D(X)$,即

$$D(X) = E\{[X - E(X)]^2\}, \tag{4-7}$$

并称 $\sigma(x) = \sqrt{D(X)}$ 为 X 的标准差或均方差,即 $D(X) = \sigma^2(x)$.

由定义可知,方差实际上就是随机变量 X 的函数 $[X - E(X)]^2$ 的数学期望,所以由定理 4-1 有以下结论成立.

(1) 设离散型随机变量 X 的概率分布为 $P(X = x_k) = p_k (k = 1, 2, \cdots)$,则

$$D(X) = \sum_k [x_k - E(X)]^2 p_k. \tag{4-8}$$

(2) 设连续型随机变量 X 的概率密度为 $f(x)$,则

$$D(X) = \int_{-\infty}^{+\infty} [x - E(X)]^2 f(x) \mathrm{d}x. \tag{4-9}$$

由方差的定义可知,随机变量的方差总是一个非负数. 显然,当随机变量的可能值密集在数学期望的附近时,方差较小;在相反的情况下,方差较大. 所以,由方差的大小可以推断随机变量分布的分散程度.

在本节开始的例子中,容易计算:

$$D(X) = \int_{-1}^{1} \frac{x^2}{2} \mathrm{d}x = \frac{1}{3},$$

$$D(Y) = \int_{-100}^{100} \frac{x^2}{200} \mathrm{d}x = \frac{10\,000}{3},$$

可见 $D(Y)$ 是 $D(X)$ 的 10 000 倍.

由数学期望的性质得到求方差的一个重要公式:

$$D(X) = E(X^2) - [E(X)]^2. \quad (4\text{-}10)$$

证明 $D(X) = E([X-E(X)]^2) = E\{X^2 - 2XE(X) + [E(X)]^2\}$
$= E(X^2) - 2E(X)E(X) + [E(X)]^2 = E(X^2) - [E(X)]^2.$

【例 4-12】 设 X 服从二项分布，求 $D(X)$.

解 设随机变量 $X \sim B(n,p)$，则

$$E(X) = np\sum_{k=0}^{n-1} C_{n-1}^k p^k q^{n-1-k} = np(q+p)^{n-1} = np,$$

$$E(X^2) = \sum_{m=0}^{n} m^2 C_n^m p^m q^{n-m} = \sum_{m=1}^{n} m^2 C_n^m p^m q^{n-m} = np\sum_{m=1}^{n} m C_{n-1}^{m-1} p^{m-1} q^{n-m}.$$

令 $k = m-1$，得

$$E(X^2) = np\sum_{k=0}^{n-1}(k+1) C_{n-1}^k p^k q^{n-1-k}$$
$$= np\left[\sum_{k=0}^{n-1} k C_{n-1}^k p^k q^{n-1-k} + \sum_{k=0}^{n-1} C_{n-1}^k p^k q^{n-1-k}\right]$$
$$= np[(n-1)p + (q+p)^{n-1}] = np(np+q),$$

$$D(X) = E(X^2) - [E(X)]^2 = np(np+q) - (np)^2 = npq.$$

【例 4-13】 设 X 服从泊松分布，求 $D(X)$.

解 设随机变量 $X \sim P(\lambda)$，则

$$E(X) = \lambda e^{-\lambda}\sum_{k=0}^{\infty} \frac{\lambda^k}{k!} = \lambda e^{-\lambda} \cdot e^{\lambda} = \lambda,$$

$$E(X^2) = \sum_{m=0}^{\infty} m^2 \frac{\lambda^m}{m!} e^{-\lambda} = \lambda e^{-\lambda}\sum_{m=1}^{\infty} m \frac{\lambda^{m-1}}{(m-1)!}.$$

令 $k = m-1$，得

$$E(X^2) = \lambda e^{-\lambda}\sum_{k=0}^{\infty}(k+1) \frac{\lambda^k}{k!} = \lambda e^{-\lambda}\left[\lambda \sum_{k=1}^{\infty} \frac{\lambda^{k-1}}{(k-1)!} + \sum_{k=0}^{\infty} \frac{\lambda^k}{k!}\right]$$
$$= \lambda e^{-\lambda}(\lambda e^{\lambda} + e^{\lambda}) = \lambda(\lambda+1),$$
$$D(X) = E(X^2) - [E(X)]^2 = \lambda(\lambda+1) - \lambda^2 = \lambda.$$

【例 4-14】 设 X 服从均匀分布，求 $D(X)$.

解 设随机变量 X 服从均匀分布，其概率密度为

$$f(x) = \begin{cases} \dfrac{1}{b-a}, & a \leqslant x \leqslant b, \\ 0, & \text{其他}, \end{cases}$$

则

$$E(X) = \int_{-\infty}^{+\infty} xf(x)\mathrm{d}x = \int_a^b \frac{x}{b-a}\mathrm{d}x = \frac{a+b}{2},$$

$$E(X^2) = \boxed{} = \frac{a^2+ab+b^2}{3},$$

$$D(X) = E(X^2) - [E(X)]^2 = \frac{a^2+ab+b^2}{3} - \left(\frac{a+b}{2}\right)^2 = \frac{(b-a)^2}{12}.$$

【例4-15】 设 X 服从指数分布,求 $D(X)$.

解 设随机变量 X 服从指数分布,其概率密度为

$$f(x) = \begin{cases} \lambda e^{-\lambda x}, & x > 0, \\ 0, & x \leq 0, \end{cases}$$

则

$$E(X) = \int_{-\infty}^{+\infty} x f(x) \mathrm{d}x = \int_{0}^{\infty} \lambda x e^{-\lambda x} \mathrm{d}x = \frac{1}{\lambda},$$

$$E(X^2) = \int_{0}^{+\infty} x^2 \lambda e^{-\lambda x} \mathrm{d}x = \frac{2}{\lambda^2},$$

$$D(X) = E(X^2) - [E(X)]^2 = \frac{2}{\lambda^2} - \frac{1}{\lambda^2} = \frac{1}{\lambda^2}.$$

4.2.2 方差的性质

性质1 常量的方差等于零,即

$$D(C) = 0,$$

其中 C 是常量.

性质2 常量与随机变量的乘积的方差等于这个常量的平方与随机变量的方差的乘积,即

$$D(CX) = C^2 D(X).$$

证明 $D(CX) = E\{[CX - E(CX)]^2\} = E\{C^2[X - E(X)]^2\}$
$= C^2 E\{[X - E(X)]^2\} = C^2 D(X).$

性质3 两个相互独立随机变量的和或差的方差等于它们的方差的和,即

$$D(X \pm Y) = D(X) + D(Y).$$

证明 $D(X \pm Y) = E\{[X \pm Y - E(X \pm Y)]^2\}$
$= E(\{[X - E(X)] \pm [Y - E(Y)]\}^2)$
$= E([X - E(X)]^2) + E([Y - E(Y)]^2) \pm 2E([X - E(X)][Y - E(Y)]),$

当 X 与 Y 相互独立时,由于

$$E([X - E(X)][Y - E(Y)]) = E(XY) - E(X)E(Y)$$
$$= E(X)E(Y) - E(X)E(Y) = 0,$$

所以

$$D(X \pm Y) = D(X) + D(Y).$$

性质3可以推广到任意有限个随机变量的情形,即若 $X_1, X_2, \cdots, X_n$ 是相互独立的随机变量,则

$$D(X_1 + X_2 + \cdots + X_n) = D(X_1) + D(X_2) + \cdots + D(X_n).$$

【例4-16】 设随机变量 $X \sim N(\mu, \sigma^2)$,求 $D(X)$.

解 令 $Y = \frac{X - \mu}{\sigma}$,则 $Y \sim N(0,1)$,$X = \sigma Y + \mu$. 又

$$E(Y) = 0,$$
$$E(Y^2) = \frac{1}{\sqrt{2\pi}} \int_{-\infty}^{+\infty} t^2 e^{-\frac{t^2}{2}} dt = \frac{-1}{\sqrt{2\pi}} t e^{-\frac{t^2}{2}} \Big|_{-\infty}^{+\infty} + \frac{1}{\sqrt{2\pi}} \int_{-\infty}^{+\infty} e^{-\frac{t^2}{2}} dt = 1,$$
$$D(Y) = E(Y^2) - [E(Y)]^2 = 1,$$

故
$$D(X) = D(\sigma Y + \mu) = \sigma^2 D(Y) + 0 = \sigma^2.$$

至此，我们清楚了正态分布 $N(\mu, \sigma^2)$ 的两个参数的意义，即参数 μ 是数学期望，σ^2 是方差. 因而，正态分布完全由它的数学期望和方差所确定.

【例 4-17】 设 X 与 Y 相互独立，并且 $E(X) = E(Y) = 0$, $D(X) = D(Y) = \sigma^2$, 求 $E[(X-Y)^2]$.

解 由数学期望的性质 3，有
$$E(X-Y) = E(X) - E(Y) = 0,$$

由 X 与 Y 相互独立，得
$$D(X-Y) = D(X) + D(Y) = \sigma^2 + \sigma^2 = 2\sigma^2,$$

于是
$$E[(X-Y)^2] = D(X-Y) + [E(X-Y)]^2 = 2\sigma^2 + 0 = 2\sigma^2.$$

现在将某些常用分布及它们的数学期望与方差列为表 4-1，以备查阅.

思考题 4.2：设随机变量 X 的概率密度为
$$f(x) = \begin{cases} 4xe^{-2x}, & x > 0, \\ 0, & x \leq 0, \end{cases}$$
求 $D(2X-1)$.

表 4-1 常用分布及其数学期望与方差

分布名称	概率函数或概率密度	数学期望	方差
两点分布	$P(X=k) = p^k q^{1-k}, k=0,1$ $(0 < p < 1, p+q=1)$	p	pq
二项分布	$p(X=k) = C_n^k p^k q^{n-k}, k=0,1,\cdots,n$ $(0 < p < 1, p+q=1)$	np	npq
泊松分布	$P(X=k) = \frac{\lambda^k}{k!} e^{-\lambda}, k=0,1,2,\cdots$ $(\lambda > 0)$	λ	λ
均匀分布	$f(x) = \begin{cases} \frac{1}{b-a}, & a \leq x \leq b, \\ 0, & 其他 \end{cases}$	$\frac{a+b}{2}$	$\frac{(b-a)^2}{12}$
指数分布	$f(x) = \begin{cases} \lambda e^{-\lambda x}, & x > 0, \\ 0, & x \leq 0 \end{cases}$	$\frac{1}{\lambda}$	$\frac{1}{\lambda^2}$
正态分布	$f(x) = \frac{1}{\sqrt{2\pi}\sigma} e^{-\frac{(x-\mu)^2}{2\sigma^2}}, -\infty < x < +\infty$ (μ 及 $\sigma > 0$ 都是常数)	μ	σ^2

习题 4.2

1. 对某一目标进行射击,直到击中目标为止,如果每次射击的命中率为 p,求射击次数的方差.

2. 设随机变量 X 服从瑞利分布,其概率密度为
$$f(x)=\begin{cases}\dfrac{x}{\sigma^2}e^{-\frac{x^2}{2\sigma^2}}, & x>0,\\ 0, & x\leqslant 0,\end{cases}$$
其中 $\sigma>0$ 是常数. 求 $E(X),D(X)$.

3. 设随机变量 X 的概率密度为
$$f(x)=\begin{cases}1+x, & -1\leqslant x\leqslant 0,\\ 1-x, & 0<x\leqslant 1,\\ 0, & \text{其他},\end{cases}$$
求 $D(X),D(1-2X),D(2X-1)$.

4. 设甲、乙两家灯泡厂生产的灯泡的寿命 (单位:h) X 和 Y 的概率分布分别为

X	900	1000	1100
P	0.1	0.8	0.1

Y	950	1000	1050
P	0.3	0.4	0.3

试问哪家工厂生产的灯泡质量较好?

5. 设随机变量 X 的概率密度为
$$f(x)=\begin{cases}Cx^2, & -2\leqslant x\leqslant 2,\\ 0, & \text{其他},\end{cases}$$
试求 (1) 常数 C;(2) $E(X),D(X)$.

6. 二维随机变量 (X,Y) 的概率分布如下:

X \ Y	-1	0	2
-1	$\dfrac{1}{6}$	$\dfrac{1}{12}$	0
0	$\dfrac{1}{4}$	0	0
1	$\dfrac{1}{12}$	$\dfrac{1}{4}$	$\dfrac{1}{6}$

(1) X,Y 的数学期望 $E(X)$ 和 $E(Y)$;
(2) X,Y 的方差 $D(X)$ 和 $D(Y)$;
(3) $D(2Y+5)$.

4.3 协方差与相关系数

对多维随机变量,随机变量的数学期望和方差只反映了各自的平均值与偏离程度,并没能反映随机变量之间的关系. 本节将要讨论的是反映随机变量之间依赖关系的数字特征.

4.3.1 协方差

在证明方差的性质时,我们已经知道,当 X 和 Y 相互独立时,有
$$E\{[X-E(X)][Y-E(Y)]\}=E(XY)-E(X)E(Y)$$
$$=E(X)E(Y)-E(X)E(Y)=0,$$
反之则说明,当 $E\{[X-E(X)][Y-E(Y)]\}\neq 0$ 时,X 和 Y 一定不相互独立. 这说明 $E\{[X-E(X)][Y-E(Y)]\}$ 在一定程度上反映了随机变量 X 和 Y 之间某方面的相互关系.

定义 4-4 设 (X,Y) 为二维随机变量,若 $E\{[X-E(X)][Y-E(Y)]\}$ 存在,则称其为随机变量 X 与 Y 的协方差,记为 σ_{XY} 或 $\text{Cov}(X,Y)$.

按定义,若 (X,Y) 为离散型随机变量,其概率分布为
$$P(X=x_i,Y=y_j)=p_{ij},i,j=1,2,\cdots,$$

则
$$\text{Cov}(X,Y) = \sum_{i,j}[x_i - E(X)][y_j - E(Y)]p_{ij}. \quad (4\text{-}11)$$
若(X,Y)为连续型随机变量,其概率密度为$f(x,y)$,则
$$\text{Cov}(X,Y) = \int_{-\infty}^{+\infty}\int_{-\infty}^{+\infty}[x - E(X)][y - E(Y)]f(x,y)\mathrm{d}x\mathrm{d}y. \quad (4\text{-}12)$$

此外,利用数学期望的性质,易将协方差的计算化简为下面常用公式
$$\text{Cov}(X,Y) = E(XY) - E(X)E(Y). \quad (4\text{-}13)$$
事实上,$\text{Cov}(X,Y) = E\{[X-E(X)][Y-E(Y)]\}$
$$= E(XY) - E(X)E(Y) - E(Y)E(X) + E(X)E(Y)$$
$$= E(XY) - E(X)E(Y).$$

根据定义不难推出协方差的下列性质:
(1) $\text{Cov}(X,X) = D(X)$;
(2) $\text{Cov}(X,Y) = \text{Cov}(Y,X)$;
(3) $\text{Cov}(aX,bY) = ab\text{Cov}(X,Y)$;
(4) $\text{Cov}(X_1 + X_2,Y) = \text{Cov}(X_1,Y) + \text{Cov}(X_2,Y)$;
(5) $D(X \pm Y) = D(X) + D(Y) \pm 2\text{Cov}(X,Y)$;
(6) 若随机变量X与Y相互独立,则$\text{Cov}(X,Y) = 0$.

【例 4-18】 设二维随机变量(X,Y)的联合概率分布如下:

X \ Y	-1	0	1
0	0	$\frac{1}{3}$	0
1	$\frac{1}{3}$	0	$\frac{1}{3}$

求协方差$\text{Cov}(X,Y)$.

解 由上表已知随机变量X及Y的边缘概率分布为

X	0	1
P	$\frac{1}{3}$	$\frac{2}{3}$

Y	-1	0	1
P	$\frac{1}{3}$	$\frac{1}{3}$	$\frac{1}{3}$

容易求得$E(X) = \frac{2}{3},E(Y) = 0,E(XY) = 0$,所以

$$\mathrm{Cov}(X,Y) = E(XY) - E(X)E(Y) = 0.$$

【例 4-19】 设二维随机变量 (X,Y) 的联合概率密度为

$$f(x,y) = \begin{cases} \dfrac{1}{8}(x+y), & 0 \leqslant x \leqslant 2, 0 \leqslant y \leqslant 2, \\ 0, & \text{其他}, \end{cases}$$

求协方差 $\mathrm{Cov}(X,Y)$.

解 由于

$$E(X) = \int_{-\infty}^{+\infty}\int_{-\infty}^{+\infty} x f(x,y)\,\mathrm{d}x\,\mathrm{d}y = \int_0^2 x\,\mathrm{d}x \int_0^2 \frac{1}{8}(x+y)\,\mathrm{d}y$$

$$= \int_0^2 \frac{1}{4}x(x+1)\,\mathrm{d}x = \frac{7}{6},$$

同理,$E(Y) = \dfrac{7}{6}$. 又

$$E(XY) = \int_{-\infty}^{+\infty}\int_{-\infty}^{+\infty} xy f(x,y)\,\mathrm{d}x\,\mathrm{d}y = \boxed{}$$

$$= \frac{1}{4}\int_0^2 \mathrm{d}x \int_0^2 x^2 y\,\mathrm{d}y = \frac{4}{3},$$

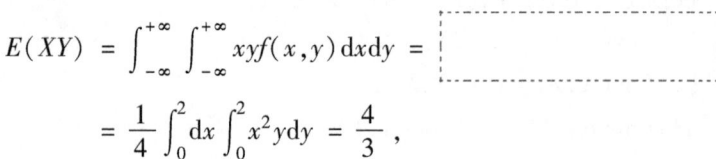

所以

$$\mathrm{Cov}(X,Y) = E(XY) - E(X)E(Y) = \frac{4}{3} - \frac{7}{6}\times\frac{7}{6} = -\frac{1}{36}.$$

4.3.2 相关系数

协方差受到量纲的影响,为了消除这种影响,我们引入了一个无量纲的量——相关系数,用来衡量随机变量之间线性联系的密切程度.

定义 4-5 假设 $D(X)$ 和 $D(Y)$ 存在并且大于零,则称 $\dfrac{\mathrm{Cov}(X,Y)}{\sqrt{D(X)}\sqrt{D(Y)}}$ 为 X 与 Y 的相关系数,记作 ρ_{XY},在不至于引起混淆时,也可简记为 ρ,即

$$\rho_{XY} = \frac{\mathrm{Cov}(X,Y)}{\sqrt{D(X)}\sqrt{D(Y)}} = \frac{E(XY) - E(X)\cdot E(Y)}{\sqrt{D(X)}\sqrt{D(Y)}}. \quad (4\text{-}14)$$

显然,ρ_{XY} 为标准化随机变量 $\dfrac{X-E(X)}{\sqrt{D(X)}}$ 与 $\dfrac{Y-E(Y)}{\sqrt{D(Y)}}$ 的协方差.

定理 4-3 设 X 与 Y 是两个随机变量,并且 ρ_{XY} 存在,则有 $|\rho_{XY}| \leqslant 1$.

证明 由定义 4-5 知,只需证明 $\mathrm{Cov}^2(X,Y) \leqslant D(X)\cdot D(Y)$. 由于任何随机变量的方差都是一个非负实数,所以对任意实数 k,恒有

$$D(Y-kX) = E\{[Y-kX-E(Y)+kE(X)]^2\}$$
$$= E\{[Y-E(Y)]^2 - 2k[Y-E(Y)][X-E(X)] + k^2[X-E(X)]^2\}$$
$$\geq 0,$$
即
$$D(Y) - 2k\text{Cov}(X,Y) + k^2 D(X) \geq 0.$$

上面不等式的左边是一个关于 k 的一元二次函数，因此该不等式成立的充分必要条件为判别式 $\Delta \leq 0$，即
$$\Delta = [-2\text{Cov}(X,Y)]^2 - 4D(X) \cdot D(Y) \leq 0,$$
于是 $\text{Cov}^2(X,Y) \leq D(X) \cdot D(Y)$.

定理 4-4 设 Y 是随机变量 X 的线性函数：$Y = aX+b$，则当 $a>0$ 时，$\rho_{XY}=1$；当 $a<0$ 时，$\rho_{XY}=-1$.

证明 由定义 4-4 知
$$\text{Cov}(X,Y) = E([X-E(X)][Y-E(Y)])$$
$$= E\{[X-E(X)][(aX+b)-E(aX+b)]\}$$
$$= aE\{[X-E(X)]^2\}$$
$$= aD(X),$$
因为 $D(Y) = D(aX+b) = a^2 D(X)$，所以
$$\rho_{XY} = \frac{\text{Cov}(X,Y)}{\sqrt{D(X)}\sqrt{D(Y)}} = \frac{aD(X)}{|a|D(X)} = \frac{a}{|a|},$$
即当 $a>0$ 时，$\rho_{XY}=1$；当 $a<0$ 时，$\rho_{XY}=-1$.

以上两个定理表明，当 $Y=aX+b$ 时，ρ_{XY} 的绝对值达到最大值 1. 事实上，还可以证明定理 4-4 的逆命题也是成立的. 因此，X 与 Y 的相关系数 ρ_{XY} 反映了 X 与 Y 线性联系的密切程度. 相关分析在统计学中占有十分重要的位置.

定义 4-6 设 ρ_{XY} 为 X 与 Y 的相关系数.

（1）如果 $\rho_{XY} \neq 0$，则称 X 与 Y 是相关的（一定程度的线性相关）. 其中当 $|\rho_{XY}|=1$ 时，称 X 与 Y 是完全相关的；当 $\rho_{XY}>0$ 时，称 X 与 Y 正相关；当 $\rho_{XY}<0$ 时，称 X 与 Y 负相关.

（2）如果 $\rho_{XY}=0$，则称 X 与 Y 不相关.

显然，若 X 与 Y 相互独立，则 $\rho_{XY}=0$.

定理 4-5 设 Y 是随机变量 X 的线性函数：$Y=aX+b$，则当 $a>0$ 时，$\rho_{XY}=1$；当 $a<0$ 时，$\rho_{XY}=-1$.

定理 4-6 若 $(X,Y) \sim N(\mu_1, \mu_2, \sigma_1^2, \sigma_2^2, \rho)$，则可以得到以下结论：

（1）$E(X)=\mu_1, E(Y)=\mu_2, D(X)=\sigma_1^2, D(Y)=\sigma_2^2$；

（2）$\rho = \rho_{XY} = \dfrac{\text{Cov}(X,Y)}{\sqrt{D(X)}\sqrt{D(Y)}}$.

推论 1 如果二维随机变量 (X,Y) 服从二维正态分布，那么 X 与 Y 相互独立等价于 $\rho_{XY}=0$.

【例 4-20】 设 (X,Y) 的概率分布为

X \ Y	1	2	3
-1	0.1	0.2	0.1
0	0	0.2	0.1
1	0.2	0.1	0

求 X 与 Y 的协方差 $\text{Cov}(X,Y)$ 及相关系数 ρ_{XY}.

解 由 (X,Y) 的概率分布,不难得到其关于 X 及 Y 的边缘概率分布为

X	-1	0	1
P	0.4	0.3	0.3

Y	1	2	3
P	0.3	0.5	0.2

思考题 4.3: 设随机变量 $X \sim B\left(1, \dfrac{1}{4}\right)$, 随机变量 $Y \sim B\left(1, \dfrac{1}{6}\right)$, 且 $\rho_{XY} = \dfrac{1}{\sqrt{15}}$, 求 $P(X=1, Y=1)$ 的值.

于是
$$E(X) = (-1) \times 0.4 + 0 \times 0.3 + 1 \times 0.3 = -0.1,$$
$$E(Y) = 1 \times 0.3 + 2 \times 0.5 + 3 \times 0.2 = 1.9,$$
由随机变量函数数学期望的公式,有
$$E(X^2) = (-1)^2 \times 0.4 + 0^2 \times 0.3 + 1^2 \times 0.3 = 0.7,$$
$$E(Y^2) = 1^2 \times 0.3 + 2^2 \times 0.5 + 3^2 \times 0.2 = 4.1,$$
$$E(XY) = (-1) \times 1 \times 0.1 + (-1) \times 2 \times 0.2 + (-1) \times 3 \times 0.1 +$$
$$0 \times 1 \times 0 + 0 \times 2 \times 0.2 + 0 \times 3 \times 0.1 + 1 \times 1 \times 0.2 +$$
$$1 \times 2 \times 0.1 + 1 \times 3 \times 0 = -0.4,$$
于是
$$D(X) = E(X^2) - [E(X)]^2 = 0.7 - (-0.1)^2 = 0.69,$$
$$D(Y) = E(Y^2) - [E(Y)]^2 = 4.1 - 1.9^2 = 0.49,$$
$$\text{Cov}(X,Y) = E(XY) - E(X)E(Y) = -0.4 + 0.1 \times 1.9 = -0.21,$$
$$\rho_{XY} = \frac{\text{Cov}(X,Y)}{\sqrt{D(X)}\sqrt{D(Y)}} \approx \frac{-0.21}{0.83 \times 0.7} \approx -0.36.$$

习题 4.3

1. 设随机变量 (X,Y) 的概率密度为
$$f(x,y) = \begin{cases} 1, & |y| < x, 0 < x < 1, \\ 0, & \text{其他}, \end{cases}$$
求 $E(X), E(Y), \text{Cov}(X,Y)$.

2. 对于二维随机变量 (X,Y), 设 X 服从 $[-1,1]$ 上的均匀分布,并且 $Y = X^2$, 证明: $\rho_{XY} = 0$.

3. 设 (X,Y) 服从二维正态分布,且 $X \sim N(0,3), Y \sim N(0,4)$, 相关系数 $\rho_{XY} = -\dfrac{1}{4}$, 试写出 X 与 Y 的联合概率密度.

4. 设随机变量 (X,Y) 的概率密度为
$$f(x,y) = \begin{cases} 6xy^2, & 0 < x < 1, 0 < y < 1, \\ 0, & \text{其他}, \end{cases}$$
求 X 与 Y 的相关系数.

5. 二维随机变量 (X,Y) 的概率分布

如下：

X \ Y	-1	0	2
-1	$\frac{1}{6}$	$\frac{1}{12}$	0
0	$\frac{1}{4}$	0	0
1	$\frac{1}{12}$	$\frac{1}{4}$	$\frac{1}{6}$

求 (1) $E(X-Y)$ 和 $E(XY)$；

(2) $\mathrm{Cov}(X,Y)$ 和 $D(X-2Y)$；

(3) ρ_{XY}.

6. 设随机变量 X 和 Y 相互独立，且 $X \sim N(1,2)$，$Y \sim N(-3,4)$，求随机变量 $Z = -2X+3Y+5$ 的概率密度 $f(z)$.

4.4 矩和协方差矩阵

本节旨在推广随机变量的期望、方差和两个随机变量的协方差、相关系数等数字特征，引入矩、协方差矩阵和相关矩阵这些概念.

4.4.1 矩

随机变量的矩是比数学期望和方差更一般的一类数字特征，它们在概率论和数理统计中有很多的应用. 这里我们只介绍两种最常见的矩的概念.

定义 4-7 随机变量 X 的 k 次幂的数学期望（k 为正整数）称为随机变量 X 的 k 阶原点矩，记作 $v_k(X)$，即
$$v_k(X) = E(X^k).$$

根据定义 4-7，我们得到离散型随机变量的 k 阶原点矩为
$$v_k(X) = \sum_i x_i^k P(X=x_i). \tag{4-15}$$

连续型随机变量的 k 阶原点矩为
$$v_k(X) = \int_{-\infty}^{+\infty} x^k f(x)\,\mathrm{d}x. \tag{4-16}$$

特别地，一阶原点矩就是数学期望，即 $v_1(X) = E(X)$.

定义 4-8 随机变量 X 的离差的 k 次幂的数学期望（k 为正整数）称为随机变量 X 的 k 阶中心矩，记作 $\mu_k(X)$，即
$$\mu_k(X) = E\{[X-E(X)]^k\}.$$

根据定义 4-8，得到离散型随机变量的 k 阶中心矩为
$$\mu_k(X) = \sum_i [x_i - E(X)]^k P(X=x_i). \tag{4-17}$$

连续型随机变量的 k 阶中心矩为
$$\mu_k(X) = \int_{-\infty}^{+\infty} [x - E(X)]^k f(x)\,\mathrm{d}x. \tag{4-18}$$

特别地，一阶中心矩恒等于零，即 $\mu_1(X) = 0$；二阶中心矩就是方差，即 $\mu_2(X) = D(X)$.

同理，我们称 $E(X^k Y^l)$ 为 X 和 Y 的 $k+l$ 阶混合原点矩；将 $E\{[X-E(X)]^k [Y-E(Y)]^l\}$ 称为 X 和 Y 的 $k+l$ 阶混合中心矩.

【例 4-21】 设随机变量 X 的概率密度为

$$f(x) = \begin{cases} \dfrac{1}{2}x, & 0 < x < 2, \\ 0, & 其他, \end{cases}$$

求 X 的 1 至 3 阶原点矩和中心矩.

解 由于

$$E(X^k) = \int_{-\infty}^{+\infty} x^k f(x)\,\mathrm{d}x = \int_0^2 x^k \left(\dfrac{1}{2}x\right)\mathrm{d}x = \dfrac{1}{2}\int_0^2 x^{k+1}\,\mathrm{d}x,$$

得到 X 的 1 至 3 阶原点矩 $v_i(i=1,2,3)$ 为

$$v_1(X) = \dfrac{1}{2}\int_0^2 x^2\,\mathrm{d}x = \dfrac{4}{3},$$

$$v_2(X) = \dfrac{1}{2}\int_0^2 x^3\,\mathrm{d}x = 2,$$

$$v_3(X) = \boxed{} = \dfrac{16}{5}.$$

显然任何随机变量的一阶中心矩为 0，X 的二阶与三阶中心矩为

$$\mu_2(X) = E\{[X - E(X)]^2\} = D(X) = v_2 - v_1^2 = 2 - \left(\dfrac{4}{3}\right)^2 = \dfrac{2}{9},$$

$$\mu_3(X) = E\{[X - E(X)]^3\} = v_3 - 3v_2 v_1 + 2v_1^3 = -\dfrac{8}{135}.$$

4.4.2 协方差矩阵

定义 4-9 将二维随机变量 (X_1, X_2) 的四个二阶中心矩

$$c_{11} = E\{[X_1 - E(X_1)]^2\},\ c_{22} = E\{[X_2 - E(X_2)]^2\},$$

$$c_{12} = E\{[X_1 - E(X_1)][X_2 - E(X_2)]\},$$

$$c_{21} = E\{[X_2 - E(X_2)][X_1 - E(X_1)]\},$$

排成矩阵的形式为 $\begin{pmatrix} c_{11} & c_{12} \\ c_{21} & c_{22} \end{pmatrix}$（对称矩阵），称此矩阵为 (X_1, X_2) 的协方差矩阵.

类似定义 n 维随机变量 $(X_1, X_2, \cdots, X_n)$ 的协方差矩阵.

若 $c_{ij} = \mathrm{Cov}(X_i, X_j) = E[X_i - E(X_i)][X_j - E(X_j)]\ (i,j = 1,2,\cdots,n)$ 都存在，则称

$$\boldsymbol{C} = \begin{pmatrix} c_{11} & c_{12} & \cdots & c_{1n} \\ c_{21} & c_{22} & \cdots & c_{2n} \\ \vdots & \vdots & & \vdots \\ c_{n1} & c_{n2} & \cdots & c_{nn} \end{pmatrix}$$

为 $(X_1, X_2, \cdots, X_n)$ 的协方差矩阵.

显然，协方差矩阵是一个对称矩阵.

由于 n 维随机变量的分布在很多情况下不知道，或是过于复杂

而不便使用,这时可使用其协方差矩阵,能在一定程度上解决问题.

习题 4.4

1. 二维随机变量 (X,Y) 的联合概率分布为

X \ Y	0	1
0	0.1	0.2
1	0.3	0.4

求 X 与 Y 的协方差与相关系数及协方差矩阵.

2. 设随机变量 X 服从拉普拉斯分布,其概率密度为 $f(x) = \dfrac{1}{2\lambda}\mathrm{e}^{-\frac{|x|}{\lambda}}$ ($-\infty < x < +\infty$),其中 $\lambda > 0$ 为常数. 求 X 的 k 阶中心矩.

3. 设随机变量 X 的概率密度为
$$f(x) = \frac{1}{\sqrt{\pi}}\mathrm{e}^{-x^2+x-\frac{1}{4}} \quad (-\infty < x < +\infty),$$
求随机变量 X 的二阶原点矩.

4.5 大数定律

人们经过长期实践认识到,虽然个别随机事件在某次试验中可能发生也可能不发生,但是在大量重复试验中却呈现明显的规律性,即随着试验次数的增多,一个随机事件发生的频率在某一固定值附近摆动. 这就是所谓的频率具有稳定性. 同时,人们通过实践发现大量测量值的算术平均值也具有稳定性. 而这些稳定性如何从理论上给以证明就是本节介绍的大数定律所要回答的问题.

4.5.1 切比雪夫(Chebyshev)不等式

在引入大数定律之前,我们先给出一个重要的概率不等式——切比雪夫不等式,它反映了随机变量的离差(即 $|X - E(X)|$)和方差之间的内在联系.

定理 4-7 (切比雪夫不等式) 设随机变量 X 的期望 $E(X)$ 及方差 $D(X)$ 都存在,则对任意 $\varepsilon > 0$,有

$$P(|X - E(X)| \geq \varepsilon) \leq \frac{D(X)}{\varepsilon^2}. \tag{4-19}$$

证明 仅就 X 为连续型随机变量进行证明.

设 X 的概率密度为 $f(x)$,则

$$\begin{aligned}
P(|X - E(X)| \geq \varepsilon) &= \int_{|x-E(X)| \geq \varepsilon} f(x)\mathrm{d}x \\
&\leq \int_{|x-E(X)| \geq \varepsilon} \frac{[x-E(X)]^2}{\varepsilon^2} f(x)\mathrm{d}x \\
&\leq \frac{1}{\varepsilon^2}\int_{-\infty}^{+\infty} [x-E(X)]^2 f(x)\mathrm{d}x = \frac{D(X)}{\varepsilon^2}.
\end{aligned}$$

当 X 为离散型随机变量时,请读者自证.

不等式(4-19)表明,随机变量的方差越小,它的取值就越集中

在数学期望附近. 由此可见,方差的确反映了随机变量取值的偏离程度.

切比雪夫不等式还有下面的等价形式

$$P(|X-E(X)|<\varepsilon)\geqslant 1-\frac{D(X)}{\varepsilon^2}. \qquad (4\text{-}20)$$

上式提供了一种在随机变量 X 的分布未知而只知其期望和方差的情况下,估计 $P(|X-E(X)|<\varepsilon)$ 的下限的有效方法.

【例 4-22】 设电站供电网有 10 000 盏电灯,夜晚每一盏灯开灯的概率都是 0.7,假定开、关时间彼此独立,估计夜晚同时开着的灯数在 6 800 与 7 200 之间的概率.

解 设 X 表示在夜晚同时开着的灯的数目,则

$$E(X)=10\ 000\times 0.7=7\ 000,$$
$$D(X)=10\ 000\times 0.7\times 0.3=2\ 100,$$
$$P(6\ 800<X<7\ 200)=P(|X-7\ 000|<200)\geqslant \boxed{}\approx 0.95.$$

可见,虽然有 10 000 盏灯,但是只要有供应 7 200 盏灯的电力就能够以相当大的概率保证够用. 事实上,切比雪夫不等式的估计只说明概率大于 0.95,后面将具体求出这个概率约为 0.999 99. 切比雪夫不等式在理论上具有重大意义,但估计的精确度不高.

4.5.2 切比雪夫大数定律

人们在对事件的研究中发现,大量观测结果的平均值具有稳定性. 1866 年,俄国数学家切比雪夫首先证明了一个相当普遍的结论,这就是切比雪夫大数定律.

在用数学语言表述大数定律时,要用到在概率意义下的极限概念——依概率收敛的概念.

定义 4-10 设 $\{X_n\}$ 是随机变量序列,a 是一个常数,若对任意的正数 ε,总有

$$\lim_{n\to\infty}P(|X_n-a|<\varepsilon)=1 \qquad (4\text{-}21)$$

或

$$\lim_{n\to\infty}P(|X_n-a|\geqslant\varepsilon)=0, \qquad (4\text{-}22)$$

则称随机变量序列 $\{X_n\}$ 依概率收敛于数 a,记作 $X_n\xrightarrow{P}a$.

若 X 是一随机变量,且 $(X_n-X)\xrightarrow{P}0$,则称 $\{X_n\}$ 依概率收敛于 X,记作 $X_n\xrightarrow{P}X$.

依概率收敛是概率论中特有的一种收敛方式,随机变量序列在无限逼近数 a 时,可能出现波动,有时波动可能会很大,只是这样的机会随着 n 的增加越来越小. 这种复杂的收敛方式在实际中往往比

微积分中的收敛方式更多.

定义 4-11 若对任何正整数 $m \geq 2$, $X_1, X_2, \cdots, X_m$ 相互独立,则称随机变量 $X_1, X_2, \cdots, X_n, \cdots$ 是相互独立的. 此时,若所有 X_i 又有相同的分布函数,则称 $X_1, X_2, \cdots, X_n, \cdots$ 是独立同分布的随机变量序列.

定理 4-8(切比雪夫大数定律) 设 $X_1, X_2, \cdots, X_n, \cdots$ 是相互独立的随机变量序列,期望 $E(X_1), E(X_2), \cdots$ 和方差 $D(X_1), D(X_2), \cdots$ 都存在,并且方差是一致有上界的,即存在某一常数 $M > 0$,使得 $D(X_i) \leq M (i = 1, 2, \cdots)$,则对任意的正数 ε,有

$$\lim_{n \to \infty} P\left(\left| \frac{1}{n} \sum_{i=1}^{n} X_i - \frac{1}{n} \sum_{i=1}^{n} E(X_i) \right| < \varepsilon \right) = 1.$$

证明 因为 $X_1, X_2, \cdots, X_n, \cdots$ 相互独立,所以

$$D\left(\frac{1}{n} \sum_{i=1}^{n} X_i \right) = \frac{1}{n^2} \sum_{i=1}^{n} D(X_i) \leq \frac{1}{n^2} \sum_{i=1}^{n} M = \frac{M}{n}.$$

又因为

$$E\left(\frac{1}{n} \sum_{i=1}^{n} X_i \right) = \frac{1}{n} \sum_{i=1}^{n} E(X_i),$$

由公式(4-20),对任给的 $\varepsilon > 0$,有

$$P\left(\left| \frac{1}{n} \sum_{i=1}^{n} X_i - \frac{1}{n} \sum_{i=1}^{n} E(X_i) \right| < \varepsilon \right) \geq 1 - \frac{D\left(\frac{1}{n} \sum_{i=1}^{n} X_i \right)}{\varepsilon^2} \geq 1 - \frac{M}{n \varepsilon^2},$$

所以

$$1 - \frac{M}{n \varepsilon^2} \leq P\left(\left| \frac{1}{n} \sum_{i=1}^{n} X_i - \frac{1}{n} \sum_{i=1}^{n} E(X_i) \right| < \varepsilon \right) \leq 1,$$

因此

$$\lim_{n \to \infty} P\left(\left| \frac{1}{n} \sum_{i=1}^{n} X_i - \frac{1}{n} \sum_{i=1}^{n} E(X_i) \right| < \varepsilon \right) = 1.$$

切比雪夫大数定律表明,在定理的条件下,$\overline{X}_n = \frac{1}{n} \sum_{i=1}^{n} X_i$ 依概率收敛于其均值 $\frac{1}{n} \sum_{i=1}^{n} E(X_i)$,即当 n 充分大时,n 个随机变量的算术平均值 $\overline{X}_n = \frac{1}{n} \sum_{i=1}^{n} X_i$ 的取值将密集在它的期望值 $\frac{1}{n} \sum_{i=1}^{n} E(X_i)$ 附近. 切比雪夫大数定律是大数定律中一个相当普遍的结论,许多大数定律都可以看作是它的特例.

推论 2(辛钦大数定律) 设 $X_1, X_2, \cdots, X_n, \cdots$ 是独立同分布的随机变量序列,并且存在 $E(X_i) = \mu (i = 1, 2, \cdots)$,则对任意的正数 ε,有

$$\lim_{n \to \infty} P\left(\left| \frac{1}{n} \sum_{i=1}^{n} X_i - \mu \right| < \varepsilon \right) = 1.$$

证明略.

辛钦大数定律为关于算术平均数的法则提供了理论依据. 即若要测量某一个长度为 μ 的零件,在不变的条件下重复测量 n 次,得到的观测值 $x_1, x_2, \cdots, x_n$ 是不完全相同的,这些数据可以看作是一组独立同分布的随机变量 $X_1, X_2, \cdots, X_n$ 的试验数值. 当 n 充分大时,我们就可以用 $x_1, x_2, \cdots, x_n$ 的算术平均值来近似代替 μ,这样做所产生的误差很小. 这一法则在度量理论中经常用到.

1713 年,伯努利从伯努利试验入手第一个从理论上证明了经验定律,即频率稳定性原理,这一结论被称为伯努利大数定律.

推论 3(伯努利大数定律) 设 m_n 是在 n 重伯努利试验中事件 A 发生的次数,p 是事件 A 在每次试验中发生的概率,则对任意的正数 ε,有

$$\lim_{n \to \infty} P\left(\left| \frac{m_n}{n} - p \right| < \varepsilon \right) = 1$$

或

$$\lim_{n \to \infty} P\left(\left| \frac{m_n}{n} - p \right| \geq \varepsilon \right) = 0.$$

证明略.

伯努利大数定律说明,事件 A 发生的频率依概率收敛于其概率 $P(A) = p$,即当重复试验次数 n 充分大时,事件 A 发生的频率与其概率有较大偏差的可能性很小,从而说明在实际应用中用频率作为概率的近似值是合理的.

思考题 4.4:将一枚骰子重复掷 n 次,则当 $n \to +\infty$ 时,n 次掷出点数的算术平均值依概率收敛于_____.

习题 4.5

1. 设 X 是只取非负值的离散型随机变量,试证:对任意的正数 ε,有

$$P(X \geq \varepsilon) \leq \frac{E(X)}{\varepsilon}.$$

2. 设随机变量 X 的期望 $E(X) = \mu$,方差 $D(X) = \sigma^2$. 试利用切比雪夫不等式估计 $P(|X - \mu| < 3\sigma)$.

3. 将一枚硬币抛 1 000 次,试利用切比雪夫不等式估计在 1 000 次试验中出现正面的次数在 400 ~ 600 次的概率.

4. 假设天平无系统误差,将一质量为 10g 的物品重复进行称量,证明:当称量次数充分大时,称量结果的算术平均值依概率收敛于 10g.

4.6 中心极限定理

在实际问题中,许多随机现象是由大量相互独立的随机因素综合影响所形成的,其中每一个因素在总的影响中所起的作用是微小的. 这类随机变量一般都服从或近似服从正态分布. 以一门大炮的射程为例,影响大炮的射程的随机因素包括:大炮炮身结构的制造导致的误差,炮弹及炮弹内炸药在质量上的误差,瞄准时的误差,受

风速、风向的干扰而造成的误差等.其中每一种误差造成的影响在总的影响中所起的作用是微小的,并且可以看成是相互独立的,人们关心的是这众多误差因素对大炮射程所造成的总影响.因此需要讨论大量独立随机变量和的问题.

中心极限定理回答了大量独立随机变量和的近似分布问题,其结论表明:当一个量受许多随机因素(主导因素除外)的共同影响而随机取值,则它的分布就近似服从正态分布.

定理 4-9(林德伯格 – 勒维中心极限定理) 设 $X_1, X_2, \cdots, X_n, \cdots$ 是独立同分布的随机变量序列,且 $E(X_i) = \mu, D(X_i) = \sigma^2 > 0$ $(i = 1, 2, \cdots)$,则对于一切 x,有

$$\lim_{n \to \infty} P\left(\frac{\sum_{i=1}^{n} X_i - n\mu}{\sigma \sqrt{n}} \leqslant x\right) = \int_{-\infty}^{x} \frac{1}{\sqrt{2\pi}} e^{-\frac{t^2}{2}} dt = \Phi(x).$$

该定理也称为独立同分布中心极限定理.

注意到 $P\left(\dfrac{\sum_{i=1}^{n} X_i - n\mu}{\sigma \sqrt{n}} \leqslant x\right)$ 是随机变量 $Y_n = \dfrac{\sum_{i=1}^{n} X_i - n\mu}{\sigma \sqrt{n}}$ 的分布函数,而 Y_n 是 $\sum_{i=1}^{n} X_i$ 的标准化随机变量.因此,上述定理表明,独立同分布的随机变量之和的标准化随机变量的极限分布是标准正态分布 $N(0,1)$.

【例 4-23】 设某商店每天接待顾客 100 人,设每位顾客的消费额(元)服从 $[0,60]$ 上的均匀分布,且顾客的消费是相互独立的.求商店的日销售额超过 3 500 元的概率.

解 设第 i 个顾客的消费额为 X_i(元)$(i = 1, 2, \cdots, 100)$,则 $X_1, X_2, \cdots, X_{100}$ 独立同分布,且 $E(X_i) = 30, D(X_i) = 300$,而商店的日销售额为 $\sum_{i=1}^{100} X_i$. 由定理 4-9 知

$$\frac{\sum_{i=1}^{100} X_i - 3\ 000}{100\sqrt{3}} \overset{\text{近似}}{\sim} N(0,1),$$

故所求概率为

$$P\left(\sum_{i=1}^{100} X_i > 3\ 500\right) = 1 - P\left(\sum_{i=1}^{100} X_i \leqslant 3\ 500\right)$$

$$= 1 - P\left(\frac{\sum_{i=1}^{100} X_i - 3\ 000}{100\sqrt{3}} \leqslant \frac{3\ 500 - 3\ 000}{100\sqrt{3}}\right)$$

$$= 1 - P\left(\frac{\sum_{i=1}^{100} X_i - 3\,000}{100\sqrt{3}} \leqslant 2.887\right)$$

$$\approx \boxed{} = 1 - 0.998 = 0.002.$$

定理 4-10（棣莫弗 – 拉普拉斯定理） 设随机变量 Y_n 服从参数为 $n, p\,(0 < p < 1)$ 的二项分布，则对任意实数 x，有

$$\lim_{n \to \infty} P\left(\frac{Y_n - np}{\sqrt{np(1-p)}} \leqslant x\right) = \int_{-\infty}^{x} \frac{1}{\sqrt{2\pi}} e^{-\frac{t^2}{2}} dt = \Phi(x).$$

由二项分布和 0 - 1 分布的关系知，上述定理就是定理 4-9 的直接推论. 它表明，当 n 很大时，$\dfrac{Y_n - np}{\sqrt{np(1-p)}}$ 近似地服从标准正态分布，也就是说 Y_n 近似地服从正态分布 $N(np, npq)$，这为有关二项分布的概率计算提供了新方法. 下面给出两个常用的近似计算公式.

设 $X \sim B(n, p)$，则当 n 充分大时，有

$$(1)\ P(X = k) \approx \frac{1}{\sqrt{2\pi npq}} e^{-\frac{(k - np)^2}{2npq}} = \frac{1}{\sqrt{npq}} \varphi\left(\frac{k - np}{\sqrt{npq}}\right),$$

$$(2)\ P(a < X < b) \approx \Phi\left(\frac{b - np}{\sqrt{npq}}\right) - \Phi\left(\frac{a - np}{\sqrt{npq}}\right),$$

上述两式分别称为局部极限定理和积分极限定理.

【例 4-24】 设电力供电网内有 10 000 盏灯，夜间每一盏灯开着的概率为 0.7，假设各灯的开关彼此独立，计算同时开着的灯数在 6 800 与 7 200 之间的概率.

解 记同时开着的灯数为 X，它服从二项分布 $B(10\,000, 0.7)$，于是

$$P(6\,800 \leqslant x \leqslant 7\,200) \approx \Phi\left(\frac{7\,200 - 7\,000}{\sqrt{10\,000 \times 0.7 \times 0.3}}\right) -$$

$$\Phi\left(\frac{6\,800 - 7\,000}{\sqrt{10\,000 \times 0.7 \times 0.3}}\right)$$

$$\approx 2\Phi\left(\frac{200}{45.83}\right) - 1 \approx 2\Phi(4.36) - 1 = 0.999\,99 \approx 1.$$

【例 4-25】 设每颗子弹击中飞机的概率是 0.01，求 500 发子弹中有 5 发击中的概率.

解 设击中飞机的子弹数为 X，则 $X \sim B(500, 0.01)$. 所以

$$P(X = 5) = C_{500}^{5} \times 0.01^5 \times 0.99^{495},$$

此式计算很繁琐. 应用近似计算公式(4-1)，取 $n = 500$，$p = 0.01$，$q = 1 - p = 0.99$，有

$$P(X = 5) \approx \frac{1}{\sqrt{4.95}} \Phi\left(\frac{5 - 5}{\sqrt{4.95}}\right) \approx 0.224\,7.$$

思考题 4.5：一生产线生产的产品成箱包装，每箱的重量是随机的，假设每箱平均重 50 千克，标准差为 5 千克，若用最大载重量为 5 吨的汽车承运，试利用中心极限定理说明每辆卡车最多可以装多少箱，才能保障不超载的概率大于 0.977. ($\Phi(2) = 0.977$，其中 $\Phi(x)$ 是标准正态分布函数).

习题 4.6

1. 设一袋盐的净质量(kg)是一随机变量,期望为1,方差为0.01,一箱盐有100袋,求一箱盐有的净质量超过102kg的概率.

2. 对某地进行轰炸,每次命中的炮弹数为一随机变量,期望为2,方差为1.69.求100次轰炸中有180~200发炮弹命中目标的概率.

3. 新生婴儿中男婴占55%,求10 000个婴儿中男婴多于5 400的概率.

4. 一大筐鸡蛋中坏鸡蛋占20%,从中任取100枚鸡蛋,求其中有20个坏鸡蛋的概率.

5. 设随机试验成功的概率 $p=0.20$,现在将试验独立地重复进行100次,求试验成功的次数介于16和32次之间的概率.

总习题 4

(A)

1. 填空题

(1)若 $E(X)=2$,则 $E(3X-1)=$ _____.

(2)若 $X \sim B(200,0.3)$,则 $\dfrac{D(X)}{E(X)}=$ _____.

(3)若 $D(X)=4$,且 $Y=2-3X$,则 Y 的标准差为 _____.

(4)设 $X \sim B(n,p)$,$E(X)=6$,$D(X)=3.6$,则 $n=$ _____,$p=$ _____.

(5)若随机变量 X 的一阶、二阶原点矩分别是 $\nu_1=2$,$\nu_2=8$,则方差 $D(X)=$ _____.

(6)袋中有5个球,其中有3个白球、2个黑球,今从中任意取2个球,则"取到的白球数"X 的数学期望 $E(X)=$ _____.

(7)设随机变量 X 在区间 $[0,\pi]$ 上服从均匀分布,则随机变量 X 的数学期望为 _____.

(8)若 X 与 Y 相互独立,$D(X)=4$,$D(Y)=2$,则 $D(3X-2Y)=$ _____.

(9)设随机变量序列 $X_1,X_2,\cdots,X_n,\cdots$ 是独立同分布的,X_i 服从参数为 2 的指数分布,则 $Y_n=\dfrac{1}{n}\sum_{i=1}^{n}X_i^2$ 依概率收敛于 _____.

2. 选择题

(1)若离散型随机变量 X 的概率分布为

X	0	1	2	3
P	0.4	k	0.2	0.1

则数学期望 $E(X)=$ ( ).

A. 1   B. 2
C. 3   D. 以上都不对

(2)设 X 为随机变量,其方差 $D(X)$ 存在,C 为任意非零常数,则下列等式中正确的是( ).

A. $D(X+C)=D(X)$
B. $D(X+C)=D(X)+C$
C. $D(X-C)=D(X)-C$
D. $D(CX)=CD(X)$

(3)若 X,Y 为任意两个随机变量,则以下式子恒成立的为( ).

A. $E(XY)=E(X)E(Y)$
B. $E(X+Y)=E(X)+E(Y)$
C. $D(X+Y)=D(X)+D(Y)$
D. $D(XY)=D(X)D(Y)$

(4)若随机变量 X 和 Y 的相关系数 $\rho_{XY}=0$,则下列结论正确的是( ).

A. X 与 Y 独立
B. $D(X-Y)=D(X)-D(Y)$
C. $D(X+Y)=D(X)+D(Y)$
D. $D(XY)=D(X)D(Y)$

(5)设两个相互独立的随机变量 X 和 Y 方差分别为 2 和 3,则随机变量 $X-4Y$ 的方差是( ).

A. 10   B. 14
C. 28   D. 50

(6) 已知 $D(X) = 16, D(Y) = 9, \rho_{XY} = 0.2$,则 $D(X-Y) = ($).

A. 29.8 　　B. 22.6
C. 20.2 　　D. 27.4

(7) 设 $D(X) = 3.5$,利用切比雪夫不等式估计 $P(|X - E(X)| \geq 6.5)($).

A. ≤ 0.083 　　B. ≥ 0.083
C. < 0.083 　　D. > 0.083

(8) 设生产灯泡的合格率为 0.6,则 10 000 个灯泡中合格的灯泡数在 5 800 ~ 7 200 的概率为( ).

A. 0.999 95 　　B. 0.999 5
C. 0.95 　　D. 0.9

3. 将两封信投入 4 个信箱,求第一个信箱信数的数学期望.

4. 设随机变量 X 的概率密度为

$$f(x) = \begin{cases} \frac{1}{4}(x+1), & 0 < x < 2, \\ 0, & 其他, \end{cases}$$

今对 X 进行 8 次独立观测,以 Y 表示观测值大于 1 的观测次数,则 Y 的方差是多少?

5. $X \sim f(x) = \begin{cases} \dfrac{1}{\pi \sqrt{1-x^2}}, & |x| < 1, \\ 0, & 其他, \end{cases}$ 求 $E(X)$ 和 $D(X)$.

6. 设随机变量 X 与 Y 之间有关系式 $Y = 2 - 3X$,并且 $E(X) = 2, D(X) = 4$,求 $E(Y)$,$D(Y)$,$Cov(X, Y)$.

7. 对某一目标进行射击,每次射击相互独立并且击中的概率为 p.

(1) 若直到击中为止,求射击次数的数学期望与方差;

(2) 若直到击中 k 次为止,求射击次数的数学期望与方差.

8. 甲、乙两工人操作同一台机器生产某种产品,100 件产品中的次品数分别用 X, Y 表示,X, Y 的概率分布如下:

X	0	1	2	3
P	0.8	0.12	0.03	0.05

Y	0	1	2	3
P	0.8	0.1	0.07	0.03

试比较甲、乙两人的技术水平.

9. 设随机变量 Z 服从 $[-\pi, \pi]$ 上的均匀分布,又 $X = \sin Z$, $Y = \cos Z$,试求相关系数 ρ_{XY}.

10. 设二维随机变量 (X, Y) 的联合概率分布如下:

X \ Y	0	1
-1	0	$\frac{1}{3}$
0	$\frac{1}{3}$	0
1	0	$\frac{1}{3}$

试证明:X 与 Y 不相关,但不相互独立.

11. 某工厂有 400 台同类机床,各台机床出故障的概率都是 0.02. 假设各台机床工作是相互独立的,试求机床出故障的台数不少于 2 的概率.

12. 食堂为 1 000 名学生服务,每个学生去食堂吃早餐的概率为 0.6,去与不去食堂用餐互不影响. 问食堂想以 99.7% 的把握保障供应,每天应准备多少份早餐?

(B)

1. 填空题

(1) 设随机变量 X 在区间 $[-1, 2]$ 上服从均匀分布;随机变量 $Y = \begin{cases} 1, & X > 0, \\ 0, & X = 0, \\ -1, & X < 0, \end{cases}$ 则方差 $D(Y) = $ _____.

(2) 设随机变量 X 和 Y 的联合概率分布为

X \ Y	-1	0	1
0	0.07	0.18	0.15
1	0.08	0.32	0.20

则 X^2 和 Y^2 的协方差 $\text{Cov}(X^2, Y^2) = $ _____ .

(3) 设随机变量 X 和 Y 的相关系数为 0.9,若 $Z = X - 0.4$,则 Y 与 Z 的相关系数为_____.

(4) 在天平上重复称一重量为 a 的物品,假设各次称量结果相互独立且同服从正态分布 $N(a, 0.2^2)$. 若以 $\overline{X}_n$ 表示 n 次称量结果的算术平均值,则为使 $P(|\overline{X}_n - a| < 0.1) \geq 0.95$,$n$ 的最小值应不小于自然数_____.

(5) 设随机变量 X 和 Y 的数学期望分别为 -2 和 2,方差分别为 1 和 4,而相关系数为 -0.5,则根据切比雪夫不等式 $P(|X+Y| \geq 6) \leq$ _____.

(6) 设二维随机变量 (X,Y) 服从正态分布 $N(\mu, \mu, \sigma^2, \sigma^2, 0)$,则 $E(XY^2) = $ _____.

(7) 设随机变量 X 的概率分布为 $P(X=-2) = \frac{1}{2}, P(X=1) = a, P(X=3) = b$,若 $E(X) = 0$,则 $D(X) = $ _____.

(8) 设随机变量 X 服从标准正态分布 $X \sim N(0,1)$,则 $E(Xe^{2X}) = $ _____.

2. 选择题

(1) 将一枚硬币重复掷 n 次,以 X 和 Y 分别表示正面向上和反面向上的次数,则 X 和 Y 的相关系数等于( ).

A. -1 B. 0
C. $\frac{1}{2}$ D. 1

(2) 设随机变量 $X \sim N(0,1)$,$Y \sim N(1,4)$,且相关系数 $\rho_{XY} = 1$,则( ).

A. $P(Y = -2X - 1) = 1$
B. $P(Y = 2X - 1) = 1$
C. $P(Y = -2X + 1) = 1$
D. $P(Y = 2X + 1) = 1$

(3) 设随机变量 X 与 Y 相互独立,且 $E(X)$ 与 $E(Y)$ 存在,记 $U = \max\{X, Y\}$,$V = \min\{X, Y\}$,则 $E(UV) = $ ( ).

A. $E(U)E(V)$ B. $E(X)E(Y)$
C. $E(U)E(Y)$ D. $E(X)E(V)$

(4) 设随机变量 $X_1, X_2, \cdots, X_n$ 相互独立,$S_n = X_1 + X_2 + \cdots + X_n$,则根据林德伯格－勒维中心极限定理,当 n 充分大时,S_n 近似服从正态分布,只要 $X_1, X_2, \cdots, X_n$ ( ).

A. 有相同期望和方差
B. 服从同一离散型分布
C. 服从同一均匀分布
D. 服从同一连续型分布

(5) 设随机变量 X, Y 独立,且 $X \sim N(1,2)$,$Y \sim N(1,4)$,则 $D(XY) = $ ( ).

A. 6 B. 8
C. 14 D. 15

3. 假设二维随机变量 (X, Y) 在矩形 $G = \{(x,y) | 0 \leq x \leq 2, 0 \leq y \leq 1\}$ 上服从均匀分布. 记

$$U = \begin{cases} 0, & X \leq Y, \\ 1, & X > Y, \end{cases} \quad V = \begin{cases} 0, & X \leq 2Y, \\ 1, & X > 2Y, \end{cases}$$

求 (1) U 和 V 的联合分布;(2) U 和 V 的相关系数 r.

4. 假设随机变量 U 在区间 $[-2, 2]$ 上服从均匀分布,随机变量

$$X = \begin{cases} -1, & U \leq -1, \\ 1, & U > -1, \end{cases} \quad Y = \begin{cases} -1, & U \leq 1, \\ 1, & U > 1, \end{cases}$$

求 (1) X 和 Y 的联合概率分布;(2) $D(X+Y)$.

5. 假设一设备开机后无故障工作的时间 X 服从指数分布,平均无故障工作的时间 $E(X)$ 为 5 小时. 设备定时开机,出现故障时自动关机,而在无故障的情况下工作 2 小时便关机. 试求该设备每次开机无故障工作的时间 Y 的分布函数 $F_Y(y)$.

6. 设 A, B 为两个随机事件,且 $P(A) = \frac{1}{4}, P(B|A) = \frac{1}{3}, P(A|B) = \frac{1}{2}$. 令

$$X = \begin{cases} 0, & A \text{ 发生}, \\ 1, & A \text{ 不发生}, \end{cases} \quad Y = \begin{cases} 0, & B \text{ 发生}, \\ 1, & B \text{ 不发生}, \end{cases}$$

求 (1) 二维随机变量 (X, Y) 的概率分布;(2) X 与 Y 的相关系数 ρ_{XY};(3) $Z = X^2 + Y^2$ 的

概率分布.

7. 设随机变量 X 的概率密度为
$$f_X(x) = \begin{cases} \dfrac{1}{2}, & -1 < x < 0, \\ \dfrac{1}{4}, & 0 \leqslant x < 2, \\ 0, & 其他, \end{cases}$$
令 $Y = X^2$，$F(x,y)$ 为二维随机变量 (X,Y) 的分布函数，

求 (1) Y 的概率密度 $f_Y(y)$；(2) $\mathrm{Cov}(X,Y)$；
(3) $F\left(-\dfrac{1}{2}, 4\right)$.

8. 箱中装有 6 个球，其中红、白、黑球的个数分别为 1、2、3 个. 现从箱中随机地取出 2 个球，记 X 为取出的红球个数，Y 为取出的白球个数，

求 (1) 随机变量 (X,Y) 的概率分布；
(2) $\mathrm{Cov}(X,Y)$.

9. 一生产线生产的产品成箱包装，每箱的重量是随机的. 假设每箱平均重 50 千克，标准差为 5 千克. 若用最大载重量为 5 吨的汽车载运，试利用中心极限定理说明每辆车最多可以装多少箱，才能保障不超载的概率大于 0.977（即 $\Phi(2) = 0.977$，其中 $\Phi(x)$ 是标准正态分布函数）.

10. 设随机变量 X,Y 相互独立，且 X 的概率分布为 $P(X=0) = P(X=2) = \dfrac{1}{2}$，$Y$ 的概率密度为 $f(y) = \begin{cases} 2y, & 0 < y < 1, \\ 0, & 其他. \end{cases}$

(1) 求概率 $P(Y \leqslant E(Y))$；
(2) 求 $Z = X + Y$ 的概率密度.

11. 设随机变量 X 与 Y 的概率分布相同，X 的概率分布为 $P(X=0) = \dfrac{1}{3}, P(X=1) = \dfrac{2}{3}$，且 X 与 Y 的相关系数 $\rho_{XY} = \dfrac{1}{2}$.

(1) 求 (X,Y) 的概率分布；
(2) 求 $P(X+Y \leqslant 1)$.

12. 设随机变量 X 与 Y 的概率分布分别为

X	0	1
P	$\dfrac{1}{3}$	$\dfrac{2}{3}$

Y	-1	0	1
P	$\dfrac{1}{3}$	$\dfrac{1}{3}$	$\dfrac{1}{3}$

且 $P(X^2 = Y^2) = 1$.

(1) 求二维随机变量 (X,Y) 的概率分布；
(2) 求 $Z = XY$ 的概率分布；
(3) 求 X 与 Y 的相关系数 ρ_{XY}.

13. 已知随机变量 X,Y 以及 XY 的分布律为

X	0	1	2
P	$\dfrac{1}{2}$	$\dfrac{1}{3}$	$\dfrac{1}{6}$

Y	0	1	2
P	$\dfrac{1}{3}$	$\dfrac{1}{3}$	$\dfrac{1}{3}$

XY	0	1	2	4
P	$\dfrac{7}{12}$	$\dfrac{1}{3}$	0	$\dfrac{1}{12}$

求 (1) $P(X = 2Y)$；
(2) $\mathrm{Cov}(X-Y, Y)$ 与 ρ_{XY}.

14. 设随机变量 X 和 Y 相互独立，且均服从参数为 1 的指数分布，$V = \min(X,Y)$，$U = \max(X,Y)$，

求 (1) 随机变量 V 的概率密度；
(2) $E(U+V)$.

15. 设随机变量 X 的概率分布为 $P(X=1) = P(X=2) = \dfrac{1}{2}$，在给定 $X = i$ 的条件下，随机变量 Y 服从均匀分布 $U(0,i)$ $(i=1,2)$，

(1) 求 Y 的分布函数 $F_Y(y)$；
(2) 求 $E(Y)$.

16. 设随机变量 X 的概率密度为
$$f(x) = \begin{cases} 2^{-x}\ln 2, & x > 0, \\ 0, & x \leqslant 0, \end{cases}$$
对 X 进行独立重复的观测，直到第 2 个大于 3 的观测值出现时停止，记 Y 为次数.

(1) 求 Y 的概率分布；
(2) 求数学期望 $E(Y)$.

第 5 章
数理统计初步

在前面四章中,讲述了概率论的最基本的内容. 概率论从理论上研究了随机变量的一般规律性. 但实践中随机变量的分布往往是未知的,即使分布已知,其中参数也往往是未知的,如何确定一个随机变量的分布,或者确定它的数学期望和方差等数字特征,就成为人们现实中经常需要面对的问题. 本章我们将介绍数理统计的基础知识以解决上述问题. 数理统计以概率论为基础,对所研究的随机现象进行某些观察或试验,科学地采集数据和资料信息,建立数学方法,根据已知的数据资料对所要解决的问题进行统计推断和分析,它是一门理论完整、应用广泛的数学学科. 正如弗朗西斯·高尔顿所说"有些人讨厌统计这个名字,但我觉得它充满了美和乐趣". 本章主要介绍数理统计的一些基本概念及数理统计的基本方法.

5.1 总体、样本与统计量

5.1.1 总体与样本

通常,将被考察对象的全体称为总体,而将组成总体的每一个单个对象称为个体. 但应注意的是,在数理统计学中,并非笼统地去研究所考察对象的具体特征,而是关心其某一项或某几项数值指标.

在数理统计学中,总是将每一个真实个体的某一项数值指标作为**个体**,而将所有真实个体的该项数值指标所组成的集合作为**总体**. 若总体所包含的个体个数是有限个,则称其为**有限总体**,否则称其为**无限总体**. 特别地,若一个有限总体所包含的个体数量相当大时,也可以把它当作无限总体来处理. 例如,一个国家的人口,一袋大米的粒数. 从总体中抽出的若干个(有限个)个体组成的集合称为**样本**,样本所含个体的数目称为**样本容量**.

对于每一个总体,要研究的数值指标都是随机抽样的结果,都是一个随机变量. 因此,今后把总体记作 X,样本记作 $(X_1, X_2, \cdots, X_n)$,其中 n 为样本容量. 对于某次实验,$(X_1, X_2, \cdots, X_n)$ 能得到具

体的 n 个观测值 $(x_1, x_2, \cdots, x_n)$,称其为一组**样本值**.

例如,考察某厂生产的电视机显像管的质量,即考察显像管的寿命. 总体 X 就是被考察的该厂生产的电视机显像管的寿命值所组成的集合. 若想分若干次,每次抽取 50 台电视机研究这批电视机显像管的寿命,则 $(X_1, X_2, \cdots, X_{50})$ 作为样本,分 50 次抽取的 50 个显像管的寿命 $(x_1, x_2, \cdots, x_{50})$ 即为一组样本值.

当从总体中具体抽出容量为 n 的样本时,就得到 n 个数 $(x_1, x_2, \cdots, x_n)$,如果再抽一次,则又得到另一组 n 个数 $(x'_1, x'_2, \cdots, x'_n)$,一般来说,所得到的两组数是不相同的. 如果用一组变量 $(X_1, X_2, \cdots, X_n)$ 来表示抽样的可能结果,则 $(X_1, X_2, \cdots, X_n)$ 的具体数值就不能事先确定,它可能是 $(x_1, x_2, \cdots, x_n)$,也可能是 $(x'_1, x'_2, \cdots, x'_n)$ 或者其他结果,也就是说 $(X_1, X_2, \cdots, X_n)$ 是一个 n 维随机变量.

于是,在提到容量为 n 的样本时,就有两重意义:其一,泛指一次抽样结果,这时它是一个 n 维随机变量,用 $(X_1, X_2, \cdots, X_n)$ 表示;其二,指某一次具体抽样结果,此时它是 n 个数,用 $(x_1, x_2, \cdots, x_n)$ 表示.

定义 5-1 从总体 X 中抽取样本容量为 n 的样本 $(X_1, X_2, \cdots, X_n)$,即得到 n 个随机变量 $X_1, X_2, \cdots, X_n$. 当 n 次试验结束后,得到 n 个数值 $(x_1, x_2, \cdots, x_n)$,称这 n 个数值为**样本观测值**.

定义 5-2 设样本 $(X_1, X_2, \cdots, X_n)$ 来自总体 X,若 $X_1, X_2, \cdots, X_n$ 相互独立,且每一 $X_i (i=1,2,\cdots,n)$ 都与总体 X 有相同的分布,则称样本 $(X_1, X_2, \cdots, X_n)$ 为一**简单随机样本**,简称样本,其中 n 为**样本容量**.

本书后面章节提到的样本均为简单随机样本.

5.1.2 样本数据的整理与显示

给出样本分布函数之前,先来考察一下离散型随机变量的样本分布律和连续型随机变量的样本概率密度的概念.

定义 5-3 设 $(X_1, X_2, \cdots, X_n)$ 为总体 X 的一个简单随机样本.

(1) 若离散型随机变量 X 的分布律为 $P(X=x)=p(x)$,则称样本 $(X_1, X_2, \cdots, X_n)$ 的**分布律**为
$$p*(x_1, x_2, \cdots x_n) = p(x_1)p(x_2)\cdots p(x_n).$$

(2) 若连续型随机变量 X 的概率密度为 $f(x)$,则称样本 $(X_1, X_2, \cdots, X_n)$ 的**概率密度**为
$$f*(x_1, x_2, \cdots x_n) = f(x_1)f(x_2)\cdots f(x_n).$$

【例 5-1】 设 $X_1, X_2, \cdots, X_n$ 是来自两点分布总体 X 的样本,X 的分布为

$$P(X=1)=p, P(X=0)=q \quad (q=1-p, 0<p<1),$$

求样本分布律.

解 由题知 $P(X=k)=p^k q^{1-k}(k=0,1)$，则样本分布律为

$$p^*(x_1, x_2, \cdots x_n) = P(X_1=x_1)P(X_2=x_2)\cdots P(X_n=x_n)$$

$$= \prod_{i=1}^{n}(p^{x_i}q^{1-x_i}) = p^{\sum_{i=1}^{n}x_i}q^{n-\sum_{i=1}^{n}x_i}.$$

【**例 5-2**】 设某种灯泡的寿命 $X \sim e(\lambda)$，求来自这一总体的简单随机样本 $(X_1, X_2, \cdots, X_n)$ 的联合概率密度.

解 由题知 X 的概率密度为

$$f(x) = \begin{cases} \lambda e^{-\lambda x}, & x>0, \\ 0, & x \leqslant 0, \end{cases}$$

则样本的联合概率密度为

$$f^*(x_1, x_2, \cdots x_n) = f(x_1)f(x_2)\cdots f(x_n)$$

$$= \begin{cases} \prod_{i=1}^{n} \lambda e^{-\lambda x_i}, & x_1, x_2, \cdots, x_n > 0, \\ 0, & \text{其他} \end{cases}$$

$$= \begin{cases} \lambda^n e^{-\lambda \sum_{i=1}^{n} x_i}, & x_1, x_2, \cdots, x_n > 0, \\ 0, & \text{其他}. \end{cases}$$

从总体中抽取容量为 n 的样本，得到 n 个样本观测值. 若样本容量 n 较大，则相同的观测值可能重复出现若干次，整理后写出下面的样本频率分布表，见表 5-1.

表 5-1

观测值	$x_{(1)}$	$x_{(2)}$	$\cdots$	$x_{(l)}$	总计
频数	n_1	n_2	$\cdots$	n_l	n
频率	f_1	f_2	$\cdots$	f_l	1

其中，$x_{(1)} < x_{(2)} < \cdots < x_{(l)}(l \leqslant n), f_i = \dfrac{n_i}{n}(i=1,2,\cdots,l), \sum_{i=1}^{l} n_i = n, \sum_{i=1}^{l} f_i = 1$.

定义 5-4 设 $(X_1, X_2, \cdots, X_n)$ 为来自总体 X 的样本，$(x_1, x_2, \cdots, x_n)$ 为其观测值，将它们从小到大重新排列为 $x_{(1)} \leqslant x_{(2)} \leqslant \cdots \leqslant x_{(l)}(l \leqslant n)$，且 $x_{(i)}$ 出现的频率为 $f_i, i=1,2,\cdots,l$，称

$$F_n(x) = \begin{cases} 0, & x < x_{(1)}, \\ \sum_{x_{(i)} \leqslant x} f_i, & x_{(i)} \leqslant x < x_{(i+1)}(i=1,2,\cdots,l-1), \\ 1, & x_{(l)} \leqslant x \end{cases}$$

为样本分布函数或**经验分布函数**.

因此,样本分布函数具有如下性质:

(1)有界性:$0 \leq F_n(x) \leq 1$;

(2)$F_n(x)$是非减函数;

(3)$F_n(+\infty) = 1, F_n(-\infty) = 0$;

(4)$F_n(x)$在每个观测值$x_{(i)}$处右连续,点$x_{(i)}$是$F_n(x)$的跳跃间断点,$F_n(x)$在该点的跳跃度就等于f_i.

实际上对于任何实数x,$F_n(x)$等于样本的n个观测值中不超过x的个数除以样本容量n. 样本分布函数$F_n(x)$可以作为总体X的分布函数$F(x)$的近似,且当n越大时,近似程度越好.

【例 5-3】 设总体X的样本观测值为 3.2,2.5,-4,2.5,0,3,2,2.5,4,2,求样本分布函数.

解 将样本观测值重新排列为$-4 < 0 < 2 = 2 < 2.5 = 2.5 = 2.5 < 3 < 3.2 < 4$,则样本分布函数为

$$F_n(x) = \begin{cases} 0, & x < -4, \\ \dfrac{1}{10}, & -4 \leq x < 0, \\ \dfrac{2}{10}, & 0 \leq x < 2, \\ \dfrac{4}{10}, & 2 \leq x < 2.5, \\ \dfrac{7}{10}, & 2.5 \leq x < 3, \\ \dfrac{8}{10}, & 3 \leq x < 3.2, \\ \dfrac{9}{10}, & 3.2 \leq x < 4, \\ 1, & x \geq 4. \end{cases}$$

思考题 5.1:设总体$X \sim P(\lambda)$,则来自总体X的样本$X_1, X_2, \cdots, X_6$的联合概率密度$f(x_1, x_2, \cdots, x_6; \lambda) = $ _____.

由伯努利大数定律知,当n充分大时,有$F_n(x) \xrightarrow{P} F(x)$. 即,$\forall \varepsilon > 0$,有

$$\lim_{n \to \infty} P(|F_n(x) - F(x)| < \varepsilon) = 1,$$

而格里汶科定理:$P(\limsup_{n \to \infty}|F_n(x) - F(x)| = 0) = 1$,表明当$n$充分大时,$F_n(x)$与$F(x)$存在着更密切的近似关系.

这些理论是我们在概率论与数理统计中可以依据样本来推断总体的理论基础.

数理统计中研究连续型随机变量X的样本分布时,通常需要作出样本的**频率直方图**(简称**直方图**),作直方图的步骤如下:

(1)找出样本观测值$x_1, x_2, \cdots, x_n$中的最小值与最大值,分别记作x_1^*与x_n^*,即$x_1^* = \min(x_1, x_2, \cdots, x_n)$,$x_n^* = \max(x_1, x_2, \cdots, x_n)$;

(2)适当选取略小于x_1^*的数a与略大于x_n^*的数b,并用分点

$$a = t_0 < t_1 < t_2 < \cdots < t_{l-1} < t_l = b$$

把区间$[a,b]$分成l个子区间

$$[a,t_1),[t_1,t_2),\cdots,[t_{i-1},t_i),\cdots,[t_{l-1},b),$$

第i个子区间的长度为$\Delta t_i = t_i - t_{i-1}(i=1,2,\cdots,l)$；

(3) 把所有样本观测值逐个分到各子区间内，并计算样本观测值落在各子区间内的频数n_i及频率$f_i = \dfrac{n_i}{n}(i=1,2,\cdots,l)$；

(4) 在Ox轴上截取各子区间，并以各子区间为底，以$\dfrac{f_i}{t_i - t_{i-1}}$为高作小矩形，各个小矩形的面积为$\Delta S_i$，即

$$\Delta S_i = (t_i - t_{i-1})\dfrac{f_i}{t_i - t_{i-1}} = f_i (i=1,2,\cdots,l),$$

所有小矩形的面积的和为$\sum_{i=1}^{l}\Delta S_i = \sum_{i=1}^{l}f_i = 1.$

【例 5-4】 测量 100 个某种机械零件的质量，得到样本观测值如下(单位:g)：

246 251 259 254 246 253 237 252 250 251
249 244 249 244 243 246 256 247 252 252
250 247 255 249 247 252 252 242 245 240
260 263 254 240 255 250 256 246 249 253
246 255 244 245 257 252 250 249 255 248
258 242 252 259 249 244 251 250 241 253
250 265 247 249 244 251 251 248 249 251
246 250 252 251 246 247 249 252 252 251
249 252 255 254 246 253 251 247 252 255
254 247 252 257 258 247 252 264 248 244

请制作划分 10 个子区间的此样本频率分布直方图．

解 根据作直方图的步骤，有

(1) 该样本的最小值$x_1^* = 237$，最大值$x_n^* = 265$；

(2) 取适当略小于x_1^*的数$a = 230$，略大于x_n^*的数$b = 270$，将区间$[230,270)$均等分为 10 个子区间；

(3) 计算 100 个样本观测值落在各子区间内的频数及频率分布表，见表 5-2.

表 5-2

区间$[t_i, t_{i-1})$	[230,234)	[234,238)	[238,242)	[242,246)	[246,250)
频数 n_i	0	1	3	11	29
频率 f_i	0.00	0.01	0.03	0.11	0.29
区间$[t_i, t_{i-1})$	[250,254)	[254,258)	[258,262)	[262,266)	[266,270)
频数 n_i	34	14	5	3	0
频率 f_i	0.34	0.14	0.05	0.03	0.00

(4)以各子区间为横轴,频数为主纵轴,频率为次纵轴,作此100个样本的频率分布直方图,如图5-1所示.

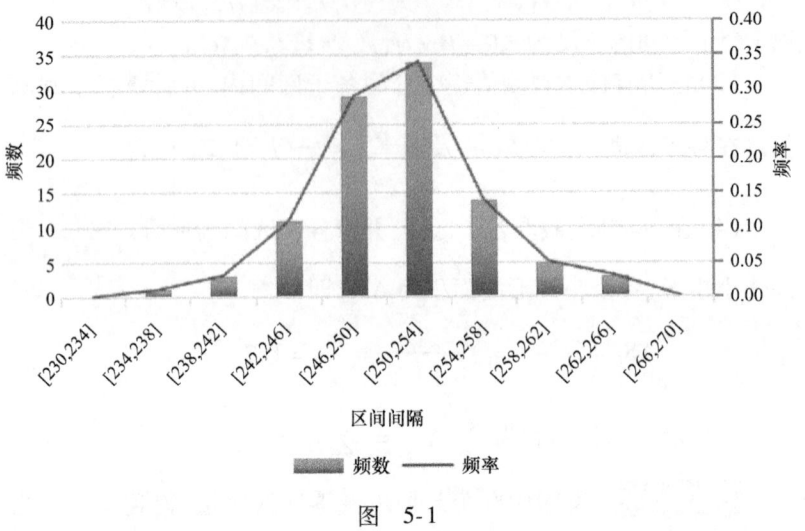

图 5-1

5.1.3 统计量及其分布

来自总体的样本自然包含了有关总体分布的信息,适当、有效地利用这些信息,就能对总体分布进行尽可能好的推断. 在数理统计学中,常采用对不同的问题构造不同的样本函数的方法,来汇集(浓缩)样本中与总体分布有关的各种信息,以用于对总体分布进行分析推断. 这种不含未知参数的样本函数就称为统计量.

定义 5-5 设 $(X_1, X_2, \cdots, X_n)$ 为来自总体 X 的样本,$g(X_1, X_2, \cdots, X_n)$ 是 n 元连续函数,若 $g(X_1, X_2, \cdots, X_n)$ 中不含任何未知参数,则称样本函数 $g(X_1, X_2, \cdots, X_n)$ 为一个**统计量**,而称 $g(x_1, x_2, \cdots, x_n)$ 为**统计量的值**.

因此,统计量实质上是特殊的样本函数,且统计量中一定不能含有未知参数.

【例 5-5】 设 $(X_1, X_2, \cdots, X_n)$ 为来自总体 X 的样本,且总体 $X \sim N(\mu, \sigma^2)$,其中 μ, σ 未知,则 $\overline{X} = \dfrac{1}{n} \sum_{i=1}^{n} X_i$ 和 $S_n^2 = \dfrac{1}{n} \sum_{i=1}^{n} (X_i - \overline{X})^2$ 不含未知参数,因此二者是统计量,而 $\overline{Y} = \dfrac{1}{n} \sum_{i=1}^{n} (X_i - \mu)$ 和 $Z = \sum_{i=1}^{n} \dfrac{X_i - \mu}{\sigma}$ 中含有未知参数 μ, σ,则二者不是统计量.

统计量是用来对总体分布的参数进行估计或检验的. 在具体的统计问题中,应依赖于具体情况与要求选取不同的统计量,同时要求统计量具备良好的性质以便应用. 在数理统计中最简单、最常用的统计量就是样本的数字特征.

反映样本数字特征的统计量,是显示一个样本分布某些特征的量,经常用它们来估计总体的数字特征.

(1) 样本均值(样本平均值)

对于来自总体 X 的样本 $(X_1, X_2, \cdots, X_n)$,称

$$\overline{X} = \frac{1}{n}\sum_{i=1}^{n} X_i \tag{5-1}$$

为**样本均值**. 其观测值为

$$\overline{x} = \frac{1}{n}\sum_{i=1}^{n} x_i.$$

(2) 样本方差

对于来自总体 X 的样本 $(X_1, X_2, \cdots, X_n)$,称

$$S^2 = \frac{1}{n-1}\sum_{i=1}^{n} (X_i - \overline{X})^2 \tag{5-2}$$

为**样本方差**.

在实际计算中,常用

$$S^2 = \frac{1}{n-1}\Big(\sum_{i=1}^{n} X_i^2 - n\overline{X}^2\Big)$$

计算样本方差,这是因为

$$S^2 = \frac{1}{n-1}\sum_{i=1}^{n}(X_i - \overline{X})^2 = \boxed{}$$

$$= \frac{1}{n-1}\Big(\sum_{i=1}^{n} X_i^2 - 2n\overline{X}^2 + n\overline{X}^2\Big) = \frac{1}{n-1}\Big(\sum_{i=1}^{n} X_i^2 - n\overline{X}^2\Big),$$

其观测值为

$$s^2 = \frac{1}{n-1}\sum_{i=1}^{n}(x_i - \overline{x})^2 = \frac{1}{n-1}\Big(\sum_{i=1}^{n} x_i^2 - n\overline{x}^2\Big).$$

关于样本均值和样本方差,有下面的结论:

定理 5-1 设总体 X 的均值 $E(X) = \mu$,方差 $D(X) = \sigma^2$,样本 $(X_1, X_2, \cdots, X_n)$ 取自总体 X,则

(1) $E(\overline{X}) = \mu$;

(2) $D(\overline{X}) = \frac{1}{n}\sigma^2$;

(3) $E(S^2) = \sigma^2$.

证明 因为样本 $X_1, X_2, \cdots, X_n$ 独立且同分布,所以有

$$E(X_i) = E(X) = \mu,\ D(X_i) = D(X) = \sigma^2\ (i = 1, 2, \cdots, n),$$

进而有

$$E(\overline{X}) = E\Big(\frac{1}{n}\sum_{i=1}^{n} X_i\Big) = \frac{1}{n}\sum_{i=1}^{n} E(X_i) = \frac{1}{n}\sum_{i=1}^{n} \mu = \mu,$$

$$D(\overline{X}) = D\Big(\frac{1}{n}\sum_{i=1}^{n} X_i\Big) = \frac{1}{n^2}\sum_{i=1}^{n} D(X_i) = \frac{1}{n^2}\sum_{i=1}^{n} \sigma^2 = \frac{\sigma^2}{n},$$

因为
$$E(\overline{X}^2) = [E(\overline{X})]^2 + D(\overline{X}) = \mu^2 + \frac{\sigma^2}{n},$$
$$E(X_i^2) = [E(X_i)]^2 + D(X_i) = \mu^2 + \sigma^2 \quad (i=1,2,\cdots,n),$$
则由公式(5-2)有

$$E(S^2) = \frac{1}{n-1} E\left(\sum_{i=1}^{n} X_i^2 - n\overline{X}^2\right) =$$
$$= \frac{1}{n-1}\left[n(\mu^2 + \sigma^2) - n\left(\mu^2 + \frac{\sigma^2}{n}\right)\right] = \sigma^2.$$

样本均值和样本方差是数理统计中两个重要的统计量,定理 5-1 说明它们具有良好的性质,能够反映总体均值和总体方差的信息.

(3) 样本标准差

对于来自总体 X 的样本 $(X_1, X_2, \cdots, X_n)$,称
$$S = \sqrt{\frac{1}{n-1} \sum_{i=1}^{n} (X_i - \overline{X})^2}$$
为**样本标准差**. 其观测值为
$$s = \sqrt{\frac{1}{n-1} \sum_{i=1}^{n} (x_i - \overline{x})^2}.$$

(4) k 阶样本原点矩

对于来自总体 X 的样本 $(X_1, X_2, \cdots, X_n)$,称
$$A_k = \frac{1}{n} \sum_{i=1}^{n} X_i^k, \quad k = 1, 2, \cdots$$
为 **k 阶样本原点矩**. 其观测值为
$$a_k = \frac{1}{n} \sum_{i=1}^{n} x_i^k, \quad k = 1, 2, \cdots,$$

可见,当 $k=1$ 时,一阶样本原点矩就是样本均值,即 $A_1 = \overline{X}$;当 $k=2$ 时,有 $A_2 = \frac{n-1}{n} S^2 + \overline{X}^2$.

(5) k 阶样本中心矩

对于来自总体 X 的样本 $(X_1, X_2, \cdots, X_n)$,称
$$B_k = \frac{1}{n} \sum_{i=1}^{n} (X_i - \overline{X})^k, \quad k = 2, 3, \cdots$$
为 **k 阶样本中心矩**. 其观测值为
$$b_k = \frac{1}{n} \sum_{i=1}^{n} (x_i - \overline{x})^k, \quad k = 2, 3, \cdots,$$

可见,当 $k=2$ 时,二阶样本中心矩与样本方差只相差一个常数倍,即 $B_2 = \frac{n-1}{n} S^2$.

若总体 X 的 k 阶原点矩 $v_k = E(X^k)$ 和 k 阶中心距 $\mu_k(X) = E\{[X - E(X)]^k\}$ 存在,则由大数定律有

$$A_k \xrightarrow{P} v_k = E(X^k) \ (k = 1, 2, \cdots),$$
$$B_k \xrightarrow{P} \mu_k = E[X - E(X)]^k \ (k = 2, 3, \cdots).$$

习题 5.1

1. 简述什么是总体、样本、简单随机样本.

2. 设总体 X 服从几何分布,其概率分布为
$$P(X = k) = (1 - p)^{k-1} p, \ k = 1, 2, 3, \cdots,$$
其中 $0 < p < 1$, $(X_1, X_2, \cdots, X_n)$ 是来自总体 X 的样本,求样本 $(X_1, X_2, \cdots, X_n)$ 的联合概率分布.

3. 设总体 $X \sim N(\mu, \sigma^2)$,其中 μ 未知,σ^2 已知,$(X_1, X_2, \cdots, X_n)$ 为取自总体 X 的样本,问下列函数是否为统计量:

(1) $\sum_{i=1}^{n} (X_i - \mu)^2$;

(2) $\sum_{i=1}^{n} X_i^2$;

(3) $\dfrac{1}{n\sigma^2} \sum_{i=1}^{n} X_i$;

(4) $\max\{|X_1|, |X_2|, \cdots, |X_n|\}$.

4. 从总体 X 中抽取容量为 10 的样本,样本观测值为

4, 5, 6, 0, 3, 1, 4, 2, 1, 4,

试计算样本均值、样本方差和样本标准差.

5. 观察 20 个新生婴儿的体重,观测结果如下:

婴儿体重 x_i/g	2 550	2 850	3 150	3 450	3 750
频数 n_i	2	3	8	5	2

计算样本均值、样本方差、二阶样本中心矩.

5.2 抽样分布

前面已经提到,数理统计学的主要任务是通过样本对总体进行推断,这样做时常要涉及一些统计量或与样本有关的随机变量的分布,考察并确定这些统计量或随机变量的分布是个重要问题. 我们称统计量的分布为**抽样分布**. 一般来说,抽样分布不易求出,或者求出来的分布过于复杂而难于应用. 但当总体分布为正态分布时,可以计算出一些常用统计量的精确分布. 正态总体的抽样分布在统计研究中占有重要地位,这一节介绍在数理统计中占有重要地位的正态总体下的抽样分布,同时给出正态总体下的几个常用统计量的分布.

5.2.1 U 分布

由上节定理 5-1 可知,关于标准正态分布有如下定理:

定理 5-2 若 $(X_1, X_2, \cdots, X_n)$ 是来自总体 $X \sim N(\mu, \sigma^2)$ 的样

本,则

$$\overline{X} \sim N\left(\mu, \frac{\sigma^2}{n}\right),$$

由此可以得到

$$U = \frac{\overline{X} - \mu}{\frac{\sigma}{\sqrt{n}}} \sim N(0,1).$$

定理 5-3 设 $(X_1, X_2, \cdots, X_n)$ 和 $(Y_1, Y_2, \cdots, Y_n)$ 分别是来自相互独立的正态总体 $X \sim N(\mu_1, \sigma_1^2)$ 及 $Y \sim N(\mu_2, \sigma_2^2)$ 的样本,则

$$U = \frac{\overline{X} - \overline{Y} - (\mu_1 - \mu_2)}{\sqrt{\frac{\sigma_1^2}{n_1} + \frac{\sigma_2^2}{n_2}}} \sim N(0,1).$$

特别地,如果 $\sigma_1 = \sigma_2 = \sigma$,则得到下面的推论:

推论 1 设 $(X_1, X_2, \cdots, X_n)$ 和 $(Y_1, Y_2, \cdots, Y_n)$ 分别是来自相互独立的正态总体 $X \sim N(\mu_1, \sigma^2)$ 及 $Y \sim N(\mu_2, \sigma^2)$ 的样本,则

$$U = \frac{\overline{X} - \overline{Y} - (\mu_1 - \mu_2)}{\sigma\sqrt{\frac{1}{n_1} + \frac{1}{n_2}}} \sim N(0,1).$$

定义 5-6 设 X 服从标准正态分布,对于给定的 $\alpha(0 < \alpha < 1)$,满足

$$P(X > u_\alpha) = \frac{1}{\sqrt{2\pi}} \int_{u_\alpha}^{+\infty} e^{-\frac{x^2}{2}} dx = \alpha$$

的 u_α 称为标准正态分布 α 水平的上侧分位数(图 5-2).

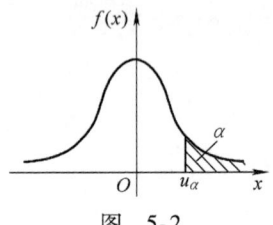

图 5-2

对于给定的 α,上侧分位数 u_α 的值可由书后附表 3 查得,附表 3 给出了 $0 \leqslant \alpha < 0.5$ 的标准正态分布 α 水平的上侧分位数. 由于 u_α 满足 $1 - \Phi(u_\alpha) = \alpha$,即 $\Phi(u_\alpha) = 1 - \alpha$,所以,$u_\alpha$ 也可由附表 2(标准正态分布密度函数值表)查得.

例如,$\alpha = 0.05$,查附表 3 可得 $u_{0.05} = 1.645$,也可查附表 2 得到. $\Phi(u_{0.05}) = 1 - 0.05 = 0.95$,由于标准正态概率密度曲线关于 y 轴对称,所以,当 $0.5 < \alpha < 1$ 时,上侧分位数 $u_\alpha = -u_{1-\alpha}$,$u_{1-\alpha}$ 由附表 3 可查得.

5.2.2 χ^2 分布

定义 5-7 若随机变量 X 的概率密度为

$$f(x) = \begin{cases} \dfrac{1}{2^{\frac{n}{2}} \Gamma\left(\dfrac{n}{2}\right)} e^{-\frac{x}{2}} x^{\frac{n}{2}-1}, & x > 0, \\ 0, & x \leqslant 0, \end{cases}$$

其中,$\Gamma(\cdot)$ 是 Γ 函数,则称 X 服从自由度为 n 的 χ^2 分布,记作 $X \sim$

$\chi^2(n)$. 根据一维连续型随机变量数学期望及方差的计算公式(4-2)、公式(4-4)、公式(4-10)可以得到 $E(X)=n,D(X)=2n$.

χ^2 分布的概率密度曲线如图 5-3 所示.

下面给出 χ^2 分布的性质和一些常用统计量的分布:

定理 5-4 若随机变量 $X_i \sim \chi^2(n_i)(i=1,2,\cdots,k)$,且 $X_1,X_2,\cdots,X_k$ 相互独立,则 $X_1+X_2+\cdots+X_k$ 服从自由度为 $n_1+n_2+\cdots+n_k$ 的 χ^2 分布,即

$$\sum_{i=1}^{k} X_i \sim \chi^2\left(\sum_{i=1}^{k} n_i\right).$$

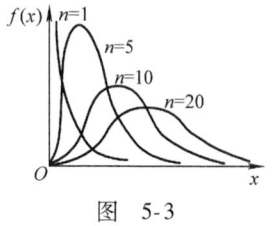

图 5-3

定理 5-5 设 $X_1,X_2,\cdots,X_n$ 相互独立,且都服从标准正态分布,则 $\sum_{i=1}^{n} X_i^2$ 服从自由度为 n 的 χ^2 分布.

定理 5-6 若 $X \sim N(\mu,\sigma^2)$,$(X_1,X_2,\cdots,X_n)$ 是 X 的一个样本,则

$$\chi^2 = \frac{1}{\sigma^2}\sum_{i=1}^{n}(X_i-\mu)^2 \sim \chi^2(n).$$

定理 5-7 设总体 X 服从正态分布 $N(\mu,\sigma^2)$,$(X_1,X_2,\cdots,X_n)$ 是来自 X 的样本,样本均值为 $\overline{X}$,样本方差为 S^2,则

(1) $\dfrac{(n-1)S^2}{\sigma^2} = \dfrac{1}{\sigma^2}\sum_{i=1}^{n}(X_i-\overline{X})^2 \sim \chi^2(n-1)$;

思考题 5.2:设 X_1,X_2,X_3,X_4 是来自正态总体 $N(0,2^2)$ 的简单随机样本,$X=a(X_1-2X_2)^2+b(3X_3-4X_4)^2$. 则当 $a=$ _____,$b=$ _____时,统计量 X 服从 χ^2 分布,其自由度为_____.

(2) S^2 与 $\overline{X}$ 相互独立.

定义 5-8 设 $X \sim \chi^2(n)$,对于给定的 $\alpha(0<\alpha<1)$,称满足
$$P(X>\chi_\alpha^2(n)) = \alpha$$

中的数 $\chi_\alpha^2(n)$ 为自由度为 n 的 χ^2 分布 α 水平的上侧分位数,如图 5-4 所示.

对于给定的自由度 n 和水平 α,上侧分位数 $\chi_\alpha^2(n)$ 的值可由书后附表 6 查得.

【例 5-6】 已知 $X \sim \chi^2(12)$,求满足
$$P(X<\lambda_1)=0.05, \quad P(X\geqslant\lambda_2)=0.025$$
的 λ_1 和 λ_2 的值.

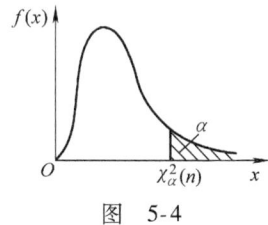

图 5-4

解 $P(X<\lambda_1)=0.05$ 可变形为
$$P(X<\lambda_1) = 1-P(X\geqslant\lambda_1) = 0.05,$$
所以 $P(X\geqslant\lambda_1)=0.95$. 查表可得 $\lambda_1=\chi_{0.95}^2(12)=5.226$. 由于 $n=12,\alpha=0.025$,查表可得 $\lambda_2=\chi_{0.025}^2(12)=23.337$.

在 χ^2 分布上侧分位数表中,只能查到 $n\leqslant 45$ 时,对于样本容量 n 更大的情况,可查较详细的表,或者利用 χ^2 分布的渐近分布求分位数的近似值. 从 χ^2 分布的图形可见,随着 n 的增大,曲线的峰值向右移动,图形和正态分布近似. 可以证明:若 X 服从自由度为 n 的

χ^2 分布,则当 n 充分大时, $\sqrt{2X}$ 近似服从正态分布 $N(\sqrt{2n-1},1)$, 因此可以推出自由度为 n 的 χ^2 分布上侧分位数的**近似公式**为

$$\chi_\alpha^2(n) = \frac{1}{2}(\sqrt{2n-1}+u_\alpha)^2.$$

5.2.3 t 分布(学生分布)

定义 5-9 若随机变量 X 的概率密度为

$$f(x) = \frac{\Gamma\left(\frac{n+1}{2}\right)}{\sqrt{n\pi}\Gamma\left(\frac{n}{2}\right)}\left(1+\frac{x^2}{n}\right)^{-\frac{n+1}{2}}, \quad -\infty < x < +\infty,$$

则称 X 服从自由度为 n 的 t 分布,记作 $X \sim t(n)$.

t 分布的概率密度曲线如图 5-5 所示.

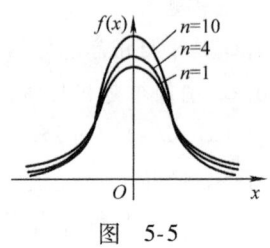

图 5-5

由此, t 分布的概率密度曲线关于 y 轴对称,且样本量足够大时,服从 t 分布的随机变量 X 的概率密度为 $f_T(x)$ 时,有

$$\lim_{n\to\infty} f_T(x) = \frac{1}{\sqrt{2\pi}} e^{-\frac{x^2}{2}},$$

即 $X \stackrel{近似}{\sim} N(0,1)(n\to\infty)$.

定理 5-8 设两个随机变量 X 与 Y 相互独立,且 $X \sim N(0,1), Y \sim \chi^2(n)$,则

$$T = \frac{X}{\sqrt{\frac{Y}{n}}} \sim t(n).$$

定理 5-9 设 $(X_1, X_2, \cdots, X_n)$ 是取自正态总体 $N(\mu, \sigma^2)$ 的样本, $\overline{X}, S$ 分别为样本均值与样本标准差,则

$$T = \frac{\overline{X}-\mu}{\frac{S}{\sqrt{n}}} \sim t(n-1).$$

定理 5-10 设 $(X_1, X_2, \cdots, X_{n_1})$ 和 $(Y_1, Y_2, \cdots, Y_{n_2})$ 分别是来自相互独立的正态总体 $X \sim N(\mu_1, \sigma^2)$ 及 $Y \sim N(\mu_2, \sigma^2)$ 的样本,则

$$T = \frac{\overline{X}-\overline{Y}-(\mu_1-\mu_2)}{S_w\sqrt{\frac{1}{n_1}+\frac{1}{n_2}}} \sim t(n_1+n_2-2),$$

其中

$$S_w = \sqrt{\frac{(n_1-1)S_1^2+(n_2-1)S_2^2}{n_1+n_2-2}}.$$

定义 5-10 设 $X \sim t(n)$,对于给定的 $\alpha(0<\alpha<1)$,称满足 $P(X>t_\alpha(n))=\alpha$ 的数 $t_\alpha(n)$ 为自由度为 n 的 t 分布 α 水平的上侧分位数,如图 5-6 所示.

由 $P(|X|>\lambda)=\alpha$ 可知 $P(X>\lambda)=\dfrac{\alpha}{2}$ 和 $P(X<-\lambda)=\dfrac{\alpha}{2}$,对于给定的 n 和 α,上侧分位数 $\lambda=t_{\frac{\alpha}{2}}(n)$ 的值可由书后附表 5 查得,而 $t_{1-\frac{\alpha}{2}}(n)=-\lambda=-t_{\frac{\alpha}{2}}(n)$,所以,用 $-t_{\frac{\alpha}{2}}(n)$ 表示.

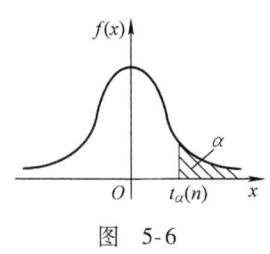

图 5-6

【例 5-7】 设随机变量 t 服从自由度为 15 的 t 分布.(1)求 $\alpha=0.01$ 的上侧分位数;(2)设 $P(t>\lambda)=0.95$,求 λ.

解 (1)因自由度为 $15,\alpha=0.01$,查表可得上侧分位数 $t_{0.01}(15)=2.602$;

(2)由 $P(t>\lambda)=0.95$,可得 $\lambda=t_{0.95}(15)=-t_{0.05}(15)$. 所以,查表可得

$$\lambda=-t_{0.05}(15)=-1.753.$$

从 t 分布的概率密度曲线可以看出,当 n 很大时,t 分布与标准正态分布非常接近. 因此,当 n 充分大时,t 分布可用标准正态分布作为其近似分布.

5.2.4 F 分布

定义 5-11 若随机变量 X 的概率密度为

$$f(x)=\begin{cases}\dfrac{\Gamma\left(\dfrac{n_1+n_2}{2}\right)}{\Gamma\left(\dfrac{n_1}{2}\right)\Gamma\left(\dfrac{n_2}{2}\right)}\left(\dfrac{n_1}{n_2}\right)^{\frac{n_1}{2}}x^{\frac{n_1}{2}-1}\cdot\left(1+\dfrac{n_1}{n_2}x\right)^{-\frac{n_1+n_2}{2}}, & x>0,\\ 0, & x\leqslant 0,\end{cases}$$

则称 X 服从自由度为 n_1 和 n_2 的 F 分布,其中 n_1 称为第一自由度,n_2 称为第二自由度,记作 $X\sim F(n_1,n_2)$.

F 分布的概率密度曲线如图 5-7 所示.

定理 5-11 设随机变量 X,Y 相互独立,且 $X\sim\chi^2(m)$,$Y\sim\chi^2(n)$,则有

$$F=\dfrac{\dfrac{X}{m}}{\dfrac{Y}{n}}\sim F(m,n).$$

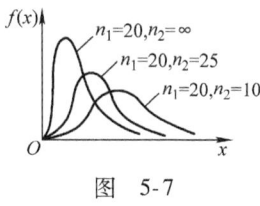

图 5-7

定理 5-12 设 $(X_1,X_2,\cdots,X_{n_1})$ 和 $(Y_1,Y_2,\cdots,Y_{n_2})$ 分别是取自相互独立的正态总体 $X\sim N(\mu_1,\sigma_1^2)$ 及 $Y\sim N(\mu_2,\sigma_2^2)$ 的样本,则

$$F=\dfrac{\dfrac{\sum_{i=1}^{n_1}(X_i-\mu_1)^2}{n_1\sigma_1^2}}{\dfrac{\sum_{j=1}^{n_2}(Y_j-\mu_2)^2}{n_2\sigma_2^2}}\sim F(n_1,n_2).$$

定理 5-13 设 $(X_1,X_2,\cdots,X_{n_1})$ 和 $(Y_1,Y_2,\cdots,Y_{n_2})$ 分别是取

自相互独立的正态总体 $X \sim N(\mu_1, \sigma_1^2)$ 和 $Y \sim N(\mu_2, \sigma_2^2)$ 的样本,S_1^2 和 S_2^2 分别是两个样本的样本方差,则

$$F = \frac{\frac{S_1^2}{\sigma_1^2}}{\frac{S_2^2}{\sigma_2^2}} \sim F(n_1 - 1, n_2 - 1),$$

特别地,当 $\sigma_1 = \sigma_2 = \sigma$ 时,有

$$F = \frac{S_1^2}{S_2^2} \sim F(n_1 - 1, n_2 - 1).$$

定义 5-12 设 $X \sim F(n_1, n_2)$,对于给定的 $\alpha(0 < \alpha < 1)$,称满足 $P(X > F_\alpha(n_1, n_2)) = \alpha$ 的数 $F_\alpha(n_1, n_2)$ 为自由度为 n_1 和 n_2 的 F 分布 α 水平的上侧分位数,如图 5-8 所示.

附表 4 中给出了 F 分布 α 水平的上侧分位数(常用 $\alpha = 0.05$,$0.025, 0.01, 0.005$).

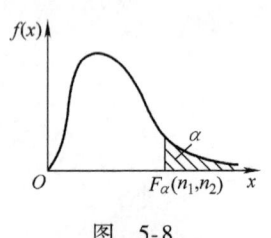

图 5-8

注意到 $F_{1-\alpha}(n_1, n_2) = \dfrac{1}{F_\alpha(n_2, n_1)}$,即可通过查 $F_\alpha(n_2, n_1)$ 算出 $F_{1-\alpha}(n_1, n_2)$. 如 $\alpha = 0.05, n_1 = 8, n_2 = 15$ 时,

$$F_{1-\alpha}(n_1, n_2) = F_{0.95}(8, 15) = \boxed{} = \frac{1}{3.22} \approx 0.311.$$

习题 5.2

1. 设 $X_1, X_2, \cdots, X_n$ 相互独立,且 $X_i \sim N(\mu_i, \sigma_i^2)(i = 1, 2, \cdots, n)$,证明:

$$\sum_{i=1}^{n} \left(\frac{X_i - \mu_i}{\sigma_i}\right)^2 \sim \chi^2(n).$$

2. 设 $(X_1, X_2, \cdots, X_n)$ 是来自总体 $X \sim N(0, \sigma^2)$ 的一个样本,试求统计量 $Y = \sum_{i=1}^{n} X_i^2$ 的概率密度.

3. $(X_1, X_2, \cdots, X_n)$ 是来自总体 $X \sim N(\mu, \sigma^2)$ 的一个样本,S^2 是样本方差,求样本容量的最小值,使其满足概率不等式 $P\left(\dfrac{(n-1)S^2}{\sigma^2} \leq 15\right) \geq 0.95$.

4. $(X_1, X_2, \cdots, X_5)$ 是来自总体 $X \sim N(0, 1)$ 的样本,试求常数 C 的值,使统计量 $\dfrac{C(X_1 + X_2)}{\sqrt{X_3^2 + X_4^2 + X_5^2}}$ 服从 t 分布.

5. 假设随机变量 X 服从分布 $t(10)$,试求 λ 的值,使 $P(X^2 \leq \lambda) = 0.05$ 成立.

6. 假设样本 $(X_1, X_2, \cdots, X_{10})$ 和 $(Y_1, Y_2, \cdots, Y_5)$ 分别来自两个独立总体 $X \sim N(10, 2^2)$ 和 $Y \sim N(20, 2^2)$,令

$$F_1 = \frac{\sum\limits_{i=1}^{10}(X_i - 10)^2}{2\sum\limits_{i=1}^{5}(Y_i - 20)^2}, \quad F_2 = \frac{9\sum\limits_{i=1}^{5}(Y_i - \overline{Y})^2}{4\sum\limits_{i=1}^{10}(X_i - \overline{X})^2}.$$

求(1)λ_1 的值使概率等式 $P(F_1 \leq \lambda_1) = 0.05$ 成立;

(2)λ_2 的值使概率等式 $P(F_2 \leq \lambda_2) = 0.01$ 成立.

5.3 参数的点估计

在实际问题中,有时可以判断总体的分布类型,但是总体分布的确切形式是未知的. 例如,已知总体 X 服从正态分布 $N(\mu,\sigma^2)$,但是参数 μ,σ^2 的具体数值并不知道. 这就需要利用样本资料所提供的信息,对总体作出尽可能准确和可靠的估计,即从总体中抽出一定容量的样本,利用样本的观测值来估计总体分布中的一些未知参数,这类估计方法称为**参数估计**. 本部分介绍参数估计的一种方法——点估计法,同时介绍判别估计量优劣的标准.

5.3.1 参数的点估计法

为了说明点估计的相关概念,我们首先给出一个例子. 例如,人的身高 $X \sim N(\mu,\sigma^2)$,一个样本为 $(X_1,X_2,\cdots,X_n)$,则 $\overline{X} = \frac{1}{n}(X_1 + \cdots + X_n)$ 为 n 个人的平均身高,近似认为总体均值 μ 为 $\overline{X}$,即 $\hat{\mu} = \overline{X}$. 用 $\overline{X}$ 来估计 μ.

若 μ 表示总体 X 的均值,$\overline{X}$ 表示样本均值,$\hat{\mu}$ 表示 μ 的估计值,则以上例子是用样本均值 $\overline{X}$ 估计总体均值 μ,即 $\hat{\mu} = \overline{X}$.

一般地,设总体 X 的分布函数为 $F(x;\theta)$,x 是变量,θ 是未知参数,用来自总体 X 的样本 $(X_1,X_2,\cdots,X_n)$ 构成一个适当的统计量
$$\hat{\theta} = T(X_1,X_2,\cdots,X_n),$$
用 $\hat{\theta}$ 估计未知参数 θ,$\hat{\theta}$ 称为 θ 的**点估计量**.

由于样本是随机变量,随机变量的函数也是随机变量,所以参数 θ 的点估计量 $\hat{\theta}$ 也是一个随机变量. 在具体抽样观测后得到样本观测值 $(x_1,x_2,\cdots,x_n)$,将它们代入点估计量 $\hat{\theta}$ 中就可以得到 $\hat{\theta}$ 的一个具体数值 $T(x_1,x_2,\cdots,x_n)$,称它为参数 θ 的**点估计值**. 对于点估计问题,关键是找一个合适的统计量,所谓合适是指既有合理性,又有计算上的方便性,常用方法有两种:矩估计法和极大似然估计法.

1. 矩估计法

1900 年英国统计学家卡尔·皮尔逊提出了一个替换原则,该替换原则常指如下两句话:(1)用样本矩去替换相应的总体矩;(2)用样本矩函数去替换相应的总体矩函数,后来人们称之为矩估计法.

在前面介绍的随机变量 X 的数字特征——矩,称为总体矩,包括以下两种:

(1) k 阶原点矩
$$v_k = E(X^k) \quad (k = 1, 2, \cdots);$$
(2) k 阶中心矩
$$\mu_k = E\{[X - E(X)]^k\} \quad (k = 2, 3, \cdots).$$

若 $(X_1, X_2, \cdots, X_n)$ 为来自总体 X 的样本,则在本章第一节中介绍了各种样本矩如下:

(1) k 阶样本原点距
$$A_k = \frac{1}{n}\sum_{i=1}^{n} X_i^k \quad (k = 1, 2, \cdots);$$

(2) k 阶样本中心矩
$$B_k = \frac{1}{n}\sum_{i=1}^{n}(X_i - \overline{X})^k \quad (k = 2, 3, \cdots).$$

在例子中把样本均值 $\overline{X}$ 作为总体均值 $E(X)$ 的估计量,即用一阶样本矩估计一阶总体矩,把这种做法加以推广,用 k 阶样本矩作为 k 阶总体矩的估计量,即

$$\hat{v}_k = \frac{1}{n}\sum_{i=1}^{n} X_i^k \quad (k = 1, 2, \cdots, m),$$

$$\hat{\mu}_k = \frac{1}{n}\sum_{i=1}^{n}(X_i - \overline{X})^k \quad (k = 2, 3, \cdots, m).$$

这种估计方法就是矩估计法,或称矩估计.

下面只讨论原点矩,给出矩估计的定义.

定义 5-13 设总体 X 的分布函数 $F(x;\theta)$ 中含有未知数 θ,并假定 θ 是总体 X 的前 m 阶原点矩 $v_k(k=1,2,\cdots,m)$ 的函数,即
$$\theta = g(v_1, v_2, \cdots, v_m),$$
而不是前 $m-1$ 阶原点矩的函数,若从总体 X 中抽得样本 $(X_1, X_2, \cdots, X_n)$,则用

$$\hat{v}_k = \frac{1}{n}\sum_{i=1}^{n} X_i^k \quad (k = 1, 2, \cdots, m)$$

估计 v_k,并以
$$\hat{\theta} = g(\hat{v}_1, \hat{v}_2, \cdots, \hat{v}_m)$$
作为 θ 的估计量. 这种估计未知参数的方法称为矩估计法,所得的估计量称为矩估计量.

下面用具体的例题来看一下如何实现这种估计.

【例 5-8】 设 $(X_1, X_2, \cdots, X_n)$ 是来自总体 X 的样本,求总体均值 $E(X) = \mu$ 和总体方差 $D(X) = \sigma^2$ 的矩估计量.

解 方法一(从总体角度)由于
$$\mu = E(X) = v_1, \sigma^2 = D(X) = E(X^2) - [E(X)]^2 = v_2 - v_1^2,$$

v_1 和 v_2 的矩估计量为

$$\hat{v}_1 = \frac{1}{n}\sum_{i=1}^n X_i = \overline{X}, \hat{v}_2 = \frac{1}{n}\sum_{i=1}^n X_i^2,$$

则 μ 和 σ^2 的矩估计量为

$$\hat{\mu} = \overline{X},$$

$$\hat{\sigma}^2 = \frac{1}{n}\sum_{i=1}^n X_i^2 - \overline{X}^2$$

$$= \frac{1}{n}\sum_{i=1}^n [(X_i - \overline{X}) + \overline{X}]^2 - \overline{X}^2$$

$$= \frac{1}{n}\sum_{i=1}^n (X_i - \overline{X})^2 = S_n^2.$$

可见，总体均值和方差的矩估计量分别是样本均值 $\overline{X}$ 和二阶样本中心距 S_n^2.

方法二（从样本角度） 由题意可知，待估参数为 μ, σ^2. 首先，构建总体一阶原点矩和二阶原点矩，得

$$v_1 = E(X) = \mu,$$

$$v_2 = E(X^2) = \underline{\qquad\qquad} = \sigma^2 + \mu^2,$$

其次，构建样本一阶原点矩和二阶原点矩，得

$$A_1 = \frac{1}{n}\sum_{i=1}^n X_i = \overline{X},$$

$$A_2 = \frac{1}{n}\sum_{i=1}^n X_i^2 = \frac{n-1}{n}S^2 + \overline{X}^2,$$

构造矩估计方程组

$$\begin{cases} A_1 = v_1, \\ A_2 = v_2, \end{cases}$$

即

$$\begin{cases} \mu = \overline{X}, \\ \sigma^2 + \mu^2 = \frac{n-1}{n}S^2 + \overline{X}^2, \end{cases}$$

解得 μ, σ^2 的矩估计量为 $\hat{\mu} = \overline{X}, \hat{\sigma}^2 = \frac{n-1}{n}S^2$.

即在总体 X 的任意分布下，可求出 μ 和 σ^2 的估计量，选择的统计量不同，构造的估计量形式不同，但实质一样.

【例 5-9】 设总体 X 服从 $[a,b]$ 上的均匀分布，其概率密度为

$$f(x) = \begin{cases} \dfrac{1}{b-a}, & a \leqslant x \leqslant b, \\ 0, & \text{其他}, \end{cases}$$

试求未知参数 a 和 b 的矩估计量.

解 方法一(从总体角度)由均匀分布的数字特征可知

$$E(X) = \mu = \frac{a+b}{2}, D(X) = \sigma^2 = \frac{(b-a)^2}{12},$$

又因为

$$\hat{\mu} = \overline{X}, \hat{\sigma}^2 = S_n^2,$$

所以有

$$\begin{cases} \dfrac{\hat{a}+\hat{b}}{2} = \overline{X}, \\ \dfrac{(\hat{b}-\hat{a})^2}{12} = S_n^2, \end{cases}$$

简化得

$$\begin{cases} \hat{a}+\hat{b} = 2\overline{X}, \\ \hat{b}-\hat{a} = 2\sqrt{3}S_n, \end{cases}$$

解得

$$\hat{a} = \overline{X} - \sqrt{3}S_n, \hat{b} = \overline{X} + \sqrt{3}S_n.$$

方法二(从样本角度)由题意可知,待估参数为 a,b. 首先,构建总体一阶原点矩和二阶原点矩,得

$$v_1 = E(X) = \frac{a+b}{2},$$

$$v_2 = E(X^2) = \boxed{} = \frac{(b-a)^2}{12} + \frac{(a+b)^2}{4},$$

其次,构建样本一阶原点矩和二阶原点矩,得

$$A_1 = \frac{1}{n}\sum_{i=1}^{n} X_i = \overline{X},$$

$$A_2 = \frac{1}{n}\sum_{i=1}^{n} X_i^2 = \frac{n-1}{n}S^2 + \overline{X}^2,$$

构造矩估计方程组

$$\begin{cases} A_1 = v_1, \\ A_2 = v_2, \end{cases}$$

即

$$\begin{cases} \dfrac{a+b}{2} = \overline{X}, \\ \dfrac{(b-a)^2}{12} + \dfrac{(a+b)^2}{4} = \dfrac{n-1}{n}S^2 + \overline{X}^2, \end{cases}$$

解得 a,b 的矩估计量为 $\hat{a} = \overline{X} - \sqrt{\dfrac{3n-3}{n}}S, \hat{b} = \overline{X} + \sqrt{\dfrac{3n-3}{n}}S.$

从本例中可以看出,当总体 X 的分布有多个未知参数时,用矩估计法列出联立方程组,就可以解出每个要估计的未知参数的矩估计量.

【例 5-10】 某学院电话总机在一分钟内接到的呼唤次数 X 服从泊松分布,即 $X \sim P(\lambda)$,λ 是未知参数.(1)求未知参数 λ 的矩估计量;(2)若观察 8 次,样本观测值为(次/分)

0,1,2,3,2,4,3,1,

求 λ 的矩估计值.

解 (1)由第 4 章可知,若 $X \sim P(\lambda)$,则
$$E(X) = \lambda,$$
所以 λ 的矩估计量为
$$\hat{\lambda} = \overline{X} = \frac{1}{n} \sum_{i=1}^{n} X_i.$$

而另一方面,$D(X) = \lambda$,即 $E(X^2) - [E(X)]^2 = \lambda$,所以又得到 λ 的另一个矩估计为
$$\hat{\lambda} = \frac{1}{n} \sum_{i=1}^{n} X_i^2 - \overline{X}^2 = \frac{1}{n} \sum_{i=1}^{n} (X_i - \overline{X})^2.$$

(2)样本均值
$$\overline{x} = \frac{1}{8} \sum_{i=1}^{8} x_i = \frac{16}{8} = 2,$$

则 λ 的估计值 $\hat{\lambda} = 2$(次/分).

通过上面例题可以看出,矩估计法是既直观又便于计算的,而且,有时并不需要知道总体的分布函数.这是矩估计法的优点,同时也是它的缺点,因为没有充分利用总体分布函数对未知参数所提供的信息,估计的精度往往较别的估计法低.另外也说明,矩估计可以不唯一,那么究竟哪一个更好呢?这涉及估计量优劣的判别标准,将在本节后面继续介绍.下面介绍点估计的另一种方法——极大似然估计法.

思考题 5.3:设总体 $X \sim U(0, \theta)$,$X_1, X_2, \cdots, X_n$ 是来自总体 X 的样本,则参数 θ 的矩估计量 $\hat{\theta}$ = _____.

2. 极大似然估计法

为了说明极大似然估计法的基本思想,先举一个简单的例子:设有外形、尺寸及包装完全一样的甲箱和乙箱,甲箱装有 49 个黄色乒乓球、1 个白色乒乓球,乙箱装有 1 个黄色乒乓球、49 个白色乒乓球,现随机抽取一箱并从中任取一个乒乓球,如果抽取的是黄球,则一般认为抽取的这一箱为甲箱,因为由甲箱抽出黄球的概率比从乙箱中抽出的概率大得多.

在随机试验中,许多事件都有可能发生,概率大的事件发生的可能性也大.若在一次试验中,某事件 A 发生了,则有理由认为事件

A 比其他事件发生的概率大,这就是所谓的极大似然原理. 极大似然估计法就是依据这一原理得到的一种参数估计方法.

极大似然估计法的基本思想是:在事件已经发生的条件下,它应该发生在概率最大的地方,因而应该寻找使事件发生的概率最大的参数作为未知参数的估计值.

设总体 X 为离散型,其分布律为 $P(X=x)=p(x;\theta_1,\theta_2,\cdots,\theta_r)$,其中 $\theta_1,\theta_2,\cdots,\theta_r$ 为待估参数. 设 $(X_1,X_2,\cdots,X_n)$ 是总体 X 的样本,其观测值为 $(x_1,x_2,\cdots,x_n)$,则称

$$L(\theta_1,\theta_2,\cdots,\theta_r)=\prod_{i=1}^{n}P(X_i=x_i)=\prod_{i=1}^{n}p(x_i;\theta_1,\theta_2,\cdots,\theta_r)$$

为样本的**似然函数**.

如果总体 X 为连续型,其概率密度为 $f(x;\theta_1,\cdots,\theta_r)$,则称

$$L(\theta_1,\theta_2,\cdots,\theta_r)=\prod_{i=1}^{n}f(x_i;\theta_1,\cdots,\theta_r)$$

为样本的**似然函数**.

定义 5-14 若样本的似然函数 $L(\theta_1,\theta_2,\cdots,\theta_r)$ 在 $\hat{\theta}_k(x_1,x_2,\cdots,x_n)(k=1,2,\cdots,r)$ 处达到最大值,则称 $\hat{\theta}_k(x_1,x_2,\cdots,x_n)$ 为参数 $\theta_k(k=1,2,\cdots,r)$ 的**极大似然估计值**,称 $\hat{\theta}_k(X_1,X_2,\cdots,X_n)$ 为参数 $\theta_k(k=1,2,\cdots,r)$ 的**极大似然估计量**. θ 的极大似然估计量可用 $\hat{\theta}_L$ 表示.

当 $L(\theta_1,\theta_2,\cdots,\theta_r)$ 关于 $\theta_1,\theta_2,\cdots,\theta_r$ 可微时,使 $L(\theta_1,\theta_2,\cdots,\theta_r)$ 达到最大值的 $\hat{\theta}_1,\hat{\theta}_2,\cdots,\hat{\theta}_r$,可由方程组

$$\begin{cases}\dfrac{\partial L}{\partial \theta_1}=0,\\ \vdots\\ \dfrac{\partial L}{\partial \theta_r}=0\end{cases}$$

求解 $\hat{\theta}_1,\hat{\theta}_2,\cdots,\hat{\theta}_r$,称该方程组为**似然方程组**.

因为 $L(\theta_1,\theta_2,\cdots,\theta_r)$ 与 $\ln L(\theta_1,\theta_2,\cdots,\theta_r)$ 在同一 $\theta_1,\cdots,\theta_r$ 处取到极值,所以 $\hat{\theta}_1,\cdots,\hat{\theta}_r$ 也可由下列似然方程组

$$\begin{cases}\dfrac{\partial \ln L}{\partial \theta_1}=0,\\ \vdots\\ \dfrac{\partial \ln L}{\partial \theta_r}=0\end{cases}$$

求解,称 $\ln L(\theta_1,\theta_2,\cdots,\theta_r)$ 为**对数似然函数**,该方程组为**对数似然方程组**.

具体求解 $\hat{\theta}_1,\cdots,\hat{\theta}_r$ 时,用上式更为方便,当只有一个未知数 θ 时,$\hat{\theta}$ 由似然方程

$$\frac{dL(\theta)}{d\theta} = 0$$

求出极大似然估计值.

求参数的极大似然估计值问题的一般步骤为:

(1) 求出似然函数 $L(\theta_1, \theta_2, \cdots, \theta_r)$;

(2) 构建对数似然函数 $\ln L(\theta_1, \theta_2, \cdots, \theta_r)$;

(3) 对数似然函数分别对未知参数 $\theta_k (k=1,2,\cdots,r)$ 求偏导,并令其为 0, 构建对数似然方程组

$$\begin{cases} \dfrac{\partial}{\partial \theta_1} \ln L(\theta_1, \theta_2, \cdots, \theta_r) = 0, \\ \dfrac{\partial}{\partial \theta_2} \ln L(\theta_1, \theta_2, \cdots, \theta_r) = 0, \\ \quad \vdots \\ \dfrac{\partial}{\partial \theta_r} \ln L(\theta_1, \theta_2, \cdots, \theta_r) = 0; \end{cases}$$

(4) 求解对数似然方程组, 得未知参数 $\theta_k (k=1,2,\cdots,r)$ 的极大似然估计值.

【例 5-11】 设随机变量 X 服从泊松分布

$$P(X=k) = \frac{\lambda^k e^{-\lambda}}{k!}, k = 0, 1, \cdots,$$

其中 $\lambda > 0$ 是未知参数, 求 λ 的极大似然估计值.

解 设 $(x_1, x_2, \cdots, x_n)$ 为样本 $(X_1, X_2, \cdots, X_n)$ 的一组观测值, 则似然函数为

$$L(\lambda) = L(x_1, \cdots, x_n, \lambda) = \prod_{i=1}^{n} \frac{\lambda^{x_i} e^{-\lambda}}{x_i!} = \frac{\lambda^{\sum_{i=1}^{n} x_i} e^{-n\lambda}}{\prod_{i=1}^{n} (x_i!)},$$

取对数可得

$$\ln L = -n\lambda + \left(\sum_{i=1}^{n} x_i\right) \ln \lambda - \sum_{i=1}^{n} (\ln x_i!),$$

似然方程为

$$\frac{d \ln L}{d \lambda} = -n + \frac{1}{\lambda} \sum_{i=1}^{n} x_i = 0,$$

解得

$$\hat{\lambda} = \frac{1}{n} \sum_{i=1}^{n} x_i = \overline{x},$$

因为

$$\frac{d^2 \ln L}{d \lambda^2} = -\frac{\sum_{i=1}^{n} x_i}{\lambda^2} < 0,$$

所以,当 $\lambda = \bar{x}$ 时,$\ln L$ 取最大值,即 $\max L(\lambda) = L(\bar{x})$. λ 的极大似然估计值为

$$\hat{\lambda} = \bar{x} = \frac{1}{n}\sum_{i=1}^{n} x_i.$$

这个例子说明,泊松分布的参数 λ 的极大似然估计值和矩估计值一样.

【例 5-12】 求正态总体 $X \sim N(\mu,\sigma^2)$ 的未知参数 μ 及 σ^2 的极大似然估计量.

解 似然函数

$$L(\mu,\sigma^2) = \prod_{i=1}^{n} \frac{1}{\sqrt{2\pi}\sigma} \cdot e^{-\frac{(x_i-\mu)^2}{2\sigma^2}} = \left(\frac{1}{\sqrt{2\pi}\sigma}\right)^n \cdot e^{-\frac{1}{2\sigma^2}\sum_{i=1}^{n}(x_i-\mu)^2},$$

两边取对数得

$$\ln L(\mu,\sigma^2) = \qquad$$

似然方程组为

$$\begin{cases} \dfrac{\partial \ln L}{\partial \mu} = \dfrac{1}{\sigma^2}\sum_{i=1}^{n}(x_i - \mu) = 0, \\ \dfrac{\partial \ln L}{\partial \sigma^2} = -\dfrac{n}{2\sigma^2} + \dfrac{1}{2\sigma^4}\sum_{i=1}^{n}(x_i - \mu)^2 = 0, \end{cases}$$

解得

$$\hat{\mu} = \frac{1}{n}\sum_{i=1}^{n} x_i = \bar{x}, \hat{\sigma}^2 = \frac{1}{n}\sum_{i=1}^{n}(x_i - \bar{x})^2 = s_n^2,$$

所以,未知参数 μ 及 σ^2 的极大似然估计量分别是

$$\hat{\mu}_L = \bar{X}, \hat{\sigma}_L^2 = S_n^2.$$

在总体是正态分布和泊松分布时,总体分布中的未知参数的矩估计量与极大似然估计量是完全相同的. 要注意并不是所有分布的未知参数的矩估计量与极大似然估计量都一样,看下面的例子.

【例 5-13】 求例 5-9 中两参数 a 和 b 的极大似然估计量.

解 总体 X 的概率密度为

$$f(x) = \begin{cases} \dfrac{1}{b-a}, & a \leqslant x \leqslant b, \\ 0, & \text{其他}, \end{cases}$$

则参数 a 和 b 的似然函数为

$$L(a,b) = \frac{1}{(b-a)^n},$$

两端取对数,得

$$\ln L(a,b) = -n\ln(b-a),$$

则似然方程组为

$$\begin{cases} \dfrac{\partial \ln L}{\partial a} = \dfrac{n}{b-a} = 0, \\ \dfrac{\partial \ln L}{\partial b} = \dfrac{-n}{b-a} = 0. \end{cases}$$

显然,上式无解.现在从定义出发确定 a 和 b 的似然估计量.很显然,要使 $L(a,b)$ 取最大值,必须要求 $a \leq x_i \leq b (i=1,2,\cdots,n)$. 也即

$$a \leq \min\{x_1, x_2, \cdots, x_n\}, \quad b \geq \max\{x_1, x_2, \cdots, x_n\}.$$

又由于要使似然函数 $L(a,b)$ 达到最大,则 $b-a$ 应该最小,因此,a 和 b 的极大似然估计量为

$$\hat{a} = \min\{X_1, X_2, \cdots, X_n\}, \quad \hat{b} = \max\{X_1, X_2, \cdots, X_n\}.$$

此例说明均匀分布的两个参数的矩估计量与极大似然估计量不同.

参数的极大似然估计法是英国统计学家费舍尔于 1912 年提出的,它是在总体分布类型已知的情况下使用的一种参数估计方法. 由于极大似然估计法不仅利用了样本提供的信息,也利用了总体分布函数所蕴含的信息,所以极大似然估计法一般具有较多优良的性质,但是需知道总体的分布函数,并且计算较复杂.

思考题 5.3 设总体 $X \sim U(0,\theta), X_1, X_2, \cdots, X_n$ 是来自总体 X 的样本,则参数 θ 的极大似然计量 $\hat{\theta} =$ _____.

5.3.2 点估计法的优良性准则

上面介绍了两种常用的求未知参数点估计的方法.发现对同一个总体的同一个未知参数,可以有几种不同的估计量,这样自然要选用一个较好的估计量去估计.那么,如何判别一个估计量的"优劣"? 这涉及估计量的评价标准问题.本节介绍判别一个估计量优劣的三条主要标准:无偏性、有效性、一致性.

1. 无偏性

设总体 X 含有未知参数 θ,随机变量 $\hat{\theta}(X_1, X_2, \cdots, X_n)$ 是参数 θ 的估计量,对于不同的样本观测值 $(x_1, x_2, \cdots, x_n)$,会得到不同的估计值.如果估计值在未知参数的真值附近摆动,即这些估计值的期望值与未知参数的真值相等,则客观上认为这样的估计量是较好的.这就是估计量无偏性的标准.

定义 5-15 设 $\hat{\theta}$ 为未知参数 θ 的估计量,若

$$E(\hat{\theta}) = \theta (\text{对 } \theta \text{ 的所有取值成立}),$$

则称 $\hat{\theta}$ 为参数 θ 的无偏估计量.

【例 5-14】 设总体 X 的均值 $E(X) = \mu$,方差 $D(X) = \sigma^2$,

$(X_1, X_2, \cdots, X_n)$ 为样本. 证明:(1) 样本均值 $\overline{X} = \dfrac{1}{n}\sum\limits_{i=1}^{n} X_i$ 是总体均值 μ 的无偏估计量;(2) $\hat{\mu}_1 = \sum\limits_{i=1}^{n} a_i X_i$ 是总体均值 μ 的无偏估计量,其中 a_i 为常数,且 $\sum\limits_{i=1}^{n} a_i = 1$.

证明 (1) 因为样本 $X_1, X_2, \cdots, X_n$ 相互独立,且与总体 X 服从相同分布,所以有 $E(X_i) = \mu, D(X_i) = \sigma^2 (i = 1, 2, \cdots, n)$,则

$$E(\overline{X}) = E\left(\frac{1}{n}\sum_{i=1}^{n} X_i\right) = \frac{1}{n} E\left(\sum_{i=1}^{n} X_i\right) = \frac{1}{n}\sum_{i=1}^{n} E(X_i)$$

$$= \frac{1}{n}\sum_{i=1}^{n} \mu = \frac{1}{n} \cdot n\mu = \mu,$$

所以样本均值 $\overline{X}$ 是总体均值 μ 的无偏估计量.

(2) 因为

$$E(\hat{\mu}_1) = E\left(\sum_{i=1}^{n} a_i X_i\right) = \sum_{i=1}^{n} E(a_i X_i) = \sum_{i=1}^{n} a_i E(X_i) = \mu \sum_{i=1}^{n} a_i = \mu,$$

所以 $\hat{\mu}_1$ 是总体均值 μ 的无偏估计量.

从上面这个例子中可见,总体未知参数 θ 可能有多个无偏估计量. 在这些估计量中,希望估计量的取值对 θ 的离散程度越小越好,即无偏估计的方差越小越好. 这就是估计量的有效性.

2. 有效性

定义 5-16 设 $\hat{\theta}_1$ 和 $\hat{\theta}_2$ 都是未知参数 θ 的无偏估计量,若对于任意的样本容量 n,有

$$D(\hat{\theta}_1) < D(\hat{\theta}_2),$$

则称 $\hat{\theta}_1$ 是比 $\hat{\theta}_2$ 有效的估计量. 如果在未知参数 θ 的一切无偏估计量中 $\hat{\theta}_0$ 的方差最小,则称 $\hat{\theta}_0$ 为 θ 的有效估计量.

【例 5-15】 从总体 X 中抽取样本 X_1, X_2, X_3,证明下列三个统计量

$$\hat{\theta}_1 = \frac{X_1}{2} + \frac{X_2}{3} + \frac{X_3}{6}, \hat{\theta}_2 = \frac{X_1}{2} + \frac{X_2}{4} + \frac{X_3}{4}, \hat{\theta}_3 = \frac{X_1}{3} + \frac{X_2}{3} + \frac{X_3}{3}$$

都是总体均值 $E(X) = \mu$ 的无偏估计量,并确定哪个估计量更有效.

证明 $E(\hat{\theta}_1) = E\left(\dfrac{X_1}{2} + \dfrac{X_2}{3} + \dfrac{X_3}{6}\right) = \dfrac{\mu}{2} + \dfrac{\mu}{3} + \dfrac{\mu}{6} = \mu,$

$E(\hat{\theta}_2) = E\left(\dfrac{X_1}{2} + \dfrac{X_2}{4} + \dfrac{X_3}{4}\right) = \dfrac{\mu}{2} + \dfrac{\mu}{4} + \dfrac{\mu}{4} = \mu,$

$E(\hat{\theta}_3) = E\left(\dfrac{X_1}{3} + \dfrac{X_2}{3} + \dfrac{X_3}{3}\right) = \dfrac{\mu}{3} + \dfrac{\mu}{3} + \dfrac{\mu}{3} = \mu,$

所以三个统计量都是总体均值 μ 的无偏估计量.

$$D(\hat{\theta}_1) = D\left(\frac{X_1}{2} + \frac{X_2}{3} + \frac{X_3}{6}\right) = \frac{\sigma^2}{4} + \frac{\sigma^2}{9} + \frac{\sigma^2}{36} = \frac{28}{72}\sigma^2,$$

$$D(\hat{\theta}_2) = D\left(\frac{X_1}{2} + \frac{X_2}{4} + \frac{X_3}{4}\right) = \frac{\sigma^2}{4} + \frac{\sigma^2}{16} + \frac{\sigma^2}{16} = \frac{27}{72}\sigma^2,$$

$$D(\hat{\theta}_3) = D\left(\frac{X_1}{3} + \frac{X_2}{3} + \frac{X_3}{3}\right) = \frac{\sigma^2}{9} + \frac{\sigma^2}{9} + \frac{\sigma^2}{9} = \frac{24}{72}\sigma^2,$$

由于 $D(\hat{\theta}_3) = \frac{24}{72}\sigma^2$ 的值最小, 所以 $\hat{\theta}_3$ 是三个估计量中最有效的估计量.

3. 一致性

样本的容量 n 越大, 从总体带出的信息就越多. 因此, 一个好的估计量与待估计参数的真值任意接近的可能性应该随 n 的增大而增大. 把这个观点作为评价估计量好坏的标准, 就得到一致性的概念.

定义 5-17 设总体 X 的分布包含未知参数 θ, $\hat{\theta}_n$ 表示样本容量为 n 时未知参数 θ 的估计量. 若对一切 θ, $\hat{\theta}_n$ 依概率收敛于 θ, 即对任给的 $\varepsilon > 0$, 有

$$\lim_{n \to \infty} P(|\hat{\theta}_n - \theta| < \varepsilon) = 1,$$

则称 $\hat{\theta}_n$ 为 θ 的一致估计量.

一致性是估计量的大样本性质, 只有在样本容量很大的时候才讨论估计量是否具有一致性, 但是一致性是对估计量的最基本要求. 如果一个估计量不具有一致性, 那么无论样本容量多大, 也不能把未知参数估计到预先指定的精度.

【例 5-16】 设总体 X 的均值 $E(X) = \mu$, 方差 $D(X) = \sigma^2$, 证明: 样本均值 $\overline{X}$ 是总体均值 μ 的一致估计量.

证明 因为样本 $X_1, X_2, \cdots, X_n$ 相互独立, 且与总体 X 服从相同的分布, 所以

$$E(X_i) = \mu, D(X_i) = \sigma^2, i = 1, 2, \cdots, n,$$

于是, 由切比雪夫定理知

$$\lim_{n \to \infty} P\left(\left|\frac{1}{n}\sum_{i=1}^{n} X_i - \frac{1}{n}\sum_{i=1}^{n} E(X_i)\right| < \varepsilon\right) = \lim_{n \to \infty} P(|\overline{X} - \mu| < \varepsilon) = 1,$$

所以 $\overline{X}$ 是 μ 的一致估计量.

由大数定律可知, 样本矩是总体矩的一致估计量, 样本分布函数是总体分布函数的一致估计量. 无偏性、有效性、一致性是常用的三个评选准则. 其中, 无偏性、有效性是对无偏估计而言的, 而一致性是对有偏估计而言的, 需要样本容量充分大, 这在实际应用中有

一定困难.

习题 5.3

1. 设总体 X 服从参数为 λ 的指数分布，概率密度为
$$f(x;\lambda) = \begin{cases} \lambda e^{-\lambda x}, & x>0, \\ 0, & x \leq 0, \end{cases}$$
$(X_1, X_2, \cdots, X_n)$ 是来自总体 X 的样本，求参数 λ 的矩估计量和极大似然估计量.

2. 设总体 $X \sim B(m,p)$，参数 $p(0<p<1)$ 未知，$(X_1, X_2, \cdots, X_m)$ 是来自总体 X 的样本，求参数 p 的极大似然估计量.

3. 设 $\hat{\theta}_1$ 和 $\hat{\theta}_2$ 为参数 θ 的两个独立的无偏估计量，且假定 $D(\hat{\theta}_1) = 2D(\hat{\theta}_2)$，求常数 c 和 d，使 $\hat{\theta} = c\hat{\theta}_1 + d\hat{\theta}_2$ 为 θ 的无偏估计，并使方差 $D(\hat{\theta})$ 最小.

4. 判断例 5-14 中的两个估计量哪个更有效?

5. 设 $(X_1, X_2, \cdots, X_n)(n \geq 2)$ 是来自正态总体 $X \sim N(\mu, \sigma^2)$ 的一个样本，试确定常数 C 的值，使 $Q = C\sum_{i=1}^{n-1}(X_{i+1} - X_i)^2$ 为 σ^2 的无偏估计.

总习题 5

(A)

1. 选择题

(1) 样本 (X_1, X_2, X_3, X_4) 取自正态总体 X，$E(X) = \mu$ 为已知，而 $D(X) = \sigma^2$ 未知，则下列随机变量中不能作为统计量的是（　　）.

A. $\overline{X} = \frac{1}{4}\sum_{i=1}^{n} X_i$

B. $X_1 + X_4 - 2\mu$

C. $\chi^2 = \frac{1}{\sigma^2}\sum_{i=1}^{4}(X_i - \overline{X})^2$

D. $S^2 = \frac{1}{3}\sum_{i=1}^{4}(X_i - \overline{X})^2$

(2) 样本 $(X_1, X_2, \cdots, X_n)$ 是来自总体 $N(\mu, \sigma^2)$ 的简单随机样本，$\overline{X}$ 和 S^2 分别为样本均值和样本方差，则下面结论不成立的是（　　）.

A. $\overline{X}$ 与 S^2 相互独立

B. $\overline{X}$ 与 $(n-1)S^2$ 相互独立

C. $\overline{X}$ 与 $\frac{1}{\sigma^2}\sum_{i=1}^{n}(X_i - \overline{X})^2$ 相互独立

D. $\overline{X}$ 与 $\frac{1}{\sigma^2}\sum_{i=1}^{n}(X_i - \mu)^2$ 相互独立

(3) 假设样本 $(X_1, X_2, \cdots, X_n)$ 取自总体 $X \sim N(0,1)$，$\overline{X}, S$ 分别为样本平均值及标准差，则（　　）.

A. $\overline{X} \sim N(0,1)$

B. $n\overline{X} \sim N(0,1)$

C. $\sum_{i=1}^{n} X_i^2 \sim \chi^2(n)$

D. $\frac{\overline{X}}{S} \sim t(n-1)$

(4) 假设总体 $X \sim N(0,1)$，$\overline{X} = \frac{1}{n}\sum_{i=1}^{n} X_i$，$S^2 = \frac{1}{n-1}\sum_{i=1}^{n}(X_i - \overline{X})^2$，服从自由度为 $(n-1)$ 的 χ^2 分布的随机变量是（　　）.

A. $\sum_{i=1}^{n} X_i^2$ B. S^2

C. $(n-1)\overline{X}^2$ D. $(n-1)S^2$

（5）设 $X \sim N(0,\sigma^2)$，则服从自由度为 $(n-1)$ 的 t 分布的随机变量是（ ）．

A. $\dfrac{\sqrt{n}\overline{X}}{S}$ B. $\dfrac{\sqrt{n-1}\overline{X}}{S}$

C. $\dfrac{\sqrt{n}\overline{X}}{S^2}$ D. $\dfrac{\sqrt{n-1}\overline{X}}{S^2}$

（6）设 $(X_1,X_2,\cdots,X_8)$ 和 $(Y_1,Y_2,\cdots,Y_5)$ 分别是取自相互独立的正态总体 $X \sim N(-1,2^2)$ 及 $Y \sim N(2,5)$ 的样本，S_1^2 和 S_2^2 分别表示两个样本各自的样本方差，则服从 $F(7,9)$ 的统计量是（ ）．

A. $\dfrac{2S_1^2}{5S_2^2}$ B. $\dfrac{5S_1^2}{4S_2^2}$

C. $\dfrac{4S_2^2}{5S_1^2}$ D. $\dfrac{5S_1^2}{2S_2^2}$

（7）样本 $(X_1,X_2,\cdots,X_n)$ 取自总体 X，$E(X)=\mu$，$D(X)=\sigma^2$，则可以作为 σ^2 的无偏估计量的统计量是（ ）．

A. 当 μ 已知时，统计量 $\dfrac{\sum_{i=1}^{n}(X_i-\mu)^2}{n}$

B. 当 μ 已知时，统计量 $\dfrac{\sum_{i=1}^{n}(X_i-\mu)^2}{n-1}$

C. 当 μ 未知时，统计量 $\dfrac{\sum_{i=1}^{n}(X_i-\mu)^2}{n}$

D. 当 μ 未知时，统计量 $\dfrac{\sum_{i=1}^{n}(X_i-\mu)^2}{n-1}$

（8）假设随机变量 X 服从正态分布 $N(\mu,\sigma^2)$，$X_1,X_2,\cdots,X_n$ 是来自总体 X 的一个样本，$\overline{X}$，S^2 分别为样本平均值及样本方差，则下列结论中正确的是（ ）．

A. $2X_2 - X_1 \sim N(\mu,\sigma^2)$

B. $\dfrac{n(\overline{X}-\mu)^2}{S^2} \sim F(1,n-1)$

C. $\dfrac{S^2}{\sigma^2} \sim \chi^2(n-1)$

D. $\dfrac{\overline{X}-\mu}{S}\sqrt{n-1} \sim t(n-1)$

2. 设 $(X_1,X_2,\cdots,X_n)$ 是来自服从参数为 λ 的泊松分布总体 X 的一个样本，$\overline{X}$ 和 S^2 分别为样本均值和样本方差，求 $D(\overline{X})$，$E(S^2)$．

3. 假设总体 X 服从 $[0,3]$ 上的均匀分布，$F_n(x)$ 是 X 的经验分布函数（基于来自 X 的容量为 n 的简单随机样本），试求 $F_n(x)$．

4. 设 $(X_1,X_2,\cdots,X_n)$ 是来自总体 X 的一个样本，X 服从指数分布

$$f(x)=\begin{cases}\lambda e^{\lambda x}, & x>0,\\ 0, & x\leqslant 0,\end{cases}$$

$\overline{X}$ 为样本均值，证明：$2n\lambda\overline{X} \sim \chi^2(2n)$．

5. 假设随机变量 X 服从分布 $F(n,n)$，求证：

$$P(X\leqslant 1) = P(X\geqslant 1) = 0.5.$$

6. 设总体 X 的概率密度为

$$f(x)=\begin{cases}(\theta+1)x^{\theta}, & 0<x<1,\\ 0, & 其他,\end{cases}$$

其中 $\theta > -1$ 为未知参数，$(X_1,X_2,\cdots,X_n)$ 是来自总体 X 的一个容量为 n 的简单随机样本，分别用矩估计法和极大似然估计法求 θ 的估计量．

7. 设 $(X_1,X_2,\cdots,X_n)$ 是来自服从正态分布 $N(\mu,\sigma^2)$ 总体 X 的一个样本，μ 已知，证明：

$$S_1^2 = \dfrac{1}{n}\sum_{i=1}^{n}(X_i-\mu)^2$$

和

$$S_2^2 = \dfrac{1}{n-1}\sum_{i=1}^{n}(X_i-\overline{X})^2$$

都为 σ^2 的无偏估计量.

8. 设 $(X_1, X_2, \cdots, X_n)$ 是来自服从正态分布 $N(\mu, \sigma^2)$ 总体 X 的一个样本,证明:

$$S^2 = \frac{1}{n-1} \sum_{i=1}^{n} (X_i - \overline{X})^2$$

是参数 σ^2 的一致估计量.

(B)

1. 填空题

(1) 设总体 X 的概率密度为

$$f(x;\theta) = \begin{cases} \dfrac{2x}{3\theta^2}, & \theta < x < 2\theta, \\ 0, & \text{其他,} \end{cases}$$

其中 θ 为未知参数,$(X_1, X_2, \cdots, X_n)$ 为来自总体 X 的简单随机样本,若 $E\left(C \sum_{i=1}^{n} X_i^2\right) = \theta^2$,则 $C = $ _____.

(2) 设 $(X_1, X_2, \cdots, X_n)$ 是来自总体 $N(\mu, \sigma^2)(\sigma > 0)$ 的简单随机样本. 记统计量 $T = \dfrac{1}{n} \sum_{i=1}^{n} X_i^2$,则 $E(T) = $ _____.

(3) 设 (X_1, X_2, X_3, X_4) 是来自正态总体 $N(0, 2^2)$ 的简单随机样本,$X = a(X_1 - 2X_2)^2 + b(3X_3 - 4X_4)^2$. 则当 $a = $ _____,$b = $ _____时,统计量 X 服从 χ^2 分布,其自由度为 ____.

(4) 设总体 X 的概率密度为 $f(x) = \dfrac{1}{2} e^{-|x|}$ $(-\infty < x < +\infty)$,$(X_1, X_2, \cdots, X_n)$ 为总体 X 的简单随机样本,其样本方差为 S^2,则 $E(S^2) = $ _____.

(5) 设总体 X 服从正态分布 $N(\mu_1, \sigma^2)$,总体 Y 服从 $N(\mu_2, \sigma^2)$,$(X_1, X_2, \cdots, X_{n_1})$ 和 $(Y_1, Y_2, \cdots, Y_{n_2})$ 分别是来自总体 X 和 Y 的简单随机样本,则 $E\left(\dfrac{\sum_{i=1}^{n_1}(X_i - \overline{X})^2 + \sum_{j=1}^{n_2}(Y_j - \overline{Y})^2}{n_1 + n_2 - 2}\right) = $ _____.

(6) 设总体 X 服从参数为 2 的指数分布,$(X_1, X_2, \cdots, X_n)$ 为来自总体 X 的简单随机样本,则当 $n \to \infty$ 时,$Y_n = \dfrac{1}{n} \sum_{i=1}^{n} X_i^2$ 依概率收敛于 _____.

(7) 设总体 X 的概率密度为 $f(x;\theta) = \begin{cases} e^{-(x-\theta)}, & x \geq \theta, \\ 0, & x < \theta, \end{cases}$ 而 $(X_1, X_2, \cdots, X_n)$ 是来自总体 X 的简单随机样本,则未知参数 θ 的矩估计量为 _____.

(8) 设总体 X 服从正态分布 $N(0, 2^2)$,而 $(X_1, X_2, \cdots, X_{15})$ 是来自总体 X 的简单随机样本,则随机变量 $Y = \dfrac{X_1^2 + \cdots + X_{10}^2}{2(X_{11}^2 + \cdots + X_{15}^2)}$ 服从 _____ 分布,参数为 _____.

2. 选择题

(1) 设 $(X_1, X_2, \cdots, X_n)(n \geq 2)$ 为来自总体 $N(\mu, \sigma^2)(\sigma > 0)$ 的简单随机样本,令 $\overline{X} = \dfrac{1}{n} \sum_{i=1}^{n} X_i$,$S = \sqrt{\dfrac{1}{n-1} \sum_{i=1}^{n}(X_i - \overline{X})^2}$,$S^* = \sqrt{\dfrac{1}{n} \sum_{i=1}^{n}(X_i - \mu)^2}$,则( ).

A. $\dfrac{\sqrt{n}(\overline{X} - \mu)}{S} \sim t(n)$

B. $\dfrac{\sqrt{n}(\overline{X} - \mu)}{S} \sim t(n-1)$

C. $\dfrac{\sqrt{n}(\overline{X} - \mu)}{S^*} \sim t(n)$

D. $\dfrac{\sqrt{n}(\overline{X} - \mu)}{S^*} \sim t(n-1)$

(2) 设 $(X_1, X_2, \cdots, X_n)(n \geq 2)$ 为来自总体 $N(\mu, 1)$ 的简单随机样本,记 $\overline{X} = \dfrac{1}{n} \sum_{i=1}^{n} X_i$,则下列结论中不正确的是( ).

A. $\sum_{i=1}^{n}(X_i - \mu)^2$ 服从 χ^2 分布

B. $2(X_n - X_1)^2$ 服从 χ^2 分布

C. $\sum_{i=1}^{n}(X_i-\bar{X})^2$ 服从 χ^2 分布

D. $n(\bar{X}-\mu)^2$ 服从 χ^2 分布

(3) 设总体 $X \sim B(m,\theta)$, $(X_1,X_2,\cdots,X_n)$ 为来自总体的简单随机样本, $\bar{X}$ 为样本均值, 则 $E\left[\sum_{i=1}^{n}(X_i-\bar{X})^2\right]=(\quad)$.

A. $(m-1)n\theta(1-\theta)$
B. $m(n-1)\theta(1-\theta)$
C. $(m-1)(n-1)\theta(1-\theta)$
D. $mn\theta(1-\theta)$

(4) 设 (X_1,X_2,X_3) 为来自总体 $N(0,\sigma^2)$ 的简单随机样本, 则统计量 $S=\dfrac{X_1-X_2}{\sqrt{2}|X_3|}$ 服从的分布为( ).

A. $F(1,1)$ B. $F(2,1)$
C. $t(1)$ D. $t(2)$

3. 设总体 X 的概率密度为
$$f(x;\sigma)=\frac{1}{2\sigma}\mathrm{e}^{-\frac{|x|}{\sigma}}, \quad -\infty<x<+\infty,$$
其中 $\sigma\in(0,+\infty)$ 为未知参数, $(X_1,X_2,\cdots,X_n)$ 为来自总体 X 的简单随机样本. 记 σ 的极大似然估计量为 $\hat{\sigma}$. (1) 求 $\hat{\sigma}$; (2) 求 $E(\hat{\sigma})$ 和 $D(\hat{\sigma})$.

4. 某工程师为了解一台天平的精度, 用该天平对一物体的质量进行 n 次测量, 该物体的质量 μ 是已知的. 设 n 次测量结果 $X_1,X_2,\cdots,X_n$ 相互独立且均服从正态分布 $N(\mu,\sigma^2)$. 该工程师记录的是 n 次测量的绝对误差 $Z_i=|X_i-\mu|(i=1,2,\cdots,n)$, 利用 $Z_1,Z_2,\cdots,Z_n$ 估计 σ. (1) 求 Z_1 的概率密度; (2) 利用一阶矩求 σ 的矩估计量; (3) 求 σ 的极大似然估计量.

5. 设总体 X 的概率密度为
$$f(x;\theta)=\begin{cases}\dfrac{3x^2}{\theta^3}, & 0<x<\theta,\\ 0, & \text{其他},\end{cases}$$
其中 $\theta\in(0,+\infty)$ 为未知参数, (X_1,X_2,X_3) 为来自总体 X 的简单随机样本, 令 $T=\max(X_1,X_2,X_3)$. (1) 求 T 的概率密度; (2) 确定 a, 使得 $E(aT)=\theta$.

6. 设总体 X 的概率密度为
$$f(x;\theta)=\begin{cases}\dfrac{1}{1-\theta}, & \theta\leq x\leq 1,\\ 0, & \text{其他},\end{cases}$$
其中 θ 为未知参数, $(X_1,X_2,\cdots,X_n)$ 为来自该总体的简单随机样本. (1) 求 θ 的矩估计量; (2) 求 θ 的极大似然估计量.

7. 设总体 X 的概率密度为
$$f(x;\theta)=\begin{cases}\dfrac{\theta^2}{x^3}\mathrm{e}^{-\frac{\theta}{x}}, & x>0,\\ 0, & \text{其他},\end{cases}$$
其中 θ 为未知参数且大于零, $(X_1,X_2,\cdots,X_n)$ 为来自该总体的简单随机样本. (1) 求 θ 的矩估计量; (2) 求 θ 的极大似然估计量.

8. 设 $(X_1,X_2,\cdots,X_n)$ 是总体 $N(\mu,\sigma^2)$ 的简单随机样本. 记
$$\bar{X}=\frac{1}{n}\sum_{i=1}^{n}X_i,\quad S^2=\frac{1}{n-1}\sum_{i=1}^{n}(X_i-\bar{X})^2,$$
$$T=\bar{X}^2-\frac{1}{n}S^2,$$
(1) 证明: T 是 μ^2 的无偏估计量; (2) 当 $\mu=0,\sigma=1$ 时, 求 $D(T)$.

9. 设总体 X 的概率密度为
$$f(x;\theta)=\begin{cases}\dfrac{1}{2\theta}, & 0<x<\theta,\\ \dfrac{1}{2(1-\theta)}, & \theta\leq x<1,\\ 0, & \text{其他},\end{cases}$$
其中参数 $\theta(0<\theta<1)$ 未知, $(X_1,X_2,\cdots,X_n)$ 为来自该总体的简单随机样本, $\bar{X}$ 是样本均值. (1) 求参数 θ 的矩估计量 $\hat{\theta}$; (2) 判断 $4\bar{X}^2$ 是否为 θ^2 的无偏估计量, 并说明理由.

10. 设总体 X 的概率密度为

$$f(x;\theta) = \begin{cases} \theta, & 0 < x < 1, \\ 1-\theta, & 1 \leq x < 2, \\ 0, & 其他, \end{cases}$$

其中参数 $\theta(0<\theta<1)$ 未知. $(X_1,X_2,\cdots,X_n)$ 为来自该总体的简单随机样本,记 N 为样本值 $x_1,x_2,\cdots,x_n$ 中小于 1 的个数. 求(1) θ 的矩估计量;(2) θ 的极大似然估计量.

11. 设 $(X_1,X_2,\cdots,X_n)(n>2)$ 为来自总体 $N(0,\sigma^2)$ 的简单随机样本,其样本均值为 $\overline{X}$. 记 $Y_i = X_i - \overline{X}$, $i=1,2,\cdots,n$. (1) 求 Y_i 的方差 $D(Y_i)$, $i=1,2,\cdots,n$;(2) 求 Y_1 与 Y_n 的协方差 $\mathrm{Cov}(Y_1,Y_n)$;(3) 若 $C(Y_1+Y_n)^2$ 是 σ^2 的无偏估计量,求常数 C.

部分习题参考答案

习题 1.1

1. (1) $\{(x,y) | x, y = 1,2,3,4,5,6\}$；
   (2) $\{2,3,4,5,6,7,8,9,10,11,12\}$；
   (3) $\{(x,y) | x^2 + y^2 < 1\}$；
   (4) $\{8,9,10,\cdots\}$.

2. (1) $\overline{A_1} A_2 A_3$；　　(2) $\overline{A_1}\,\overline{A_2} A_3$；
   (3) $A_1 A_2 A_3$；　　(4) $\overline{A_1}\,\overline{A_2}\,\overline{A_3}$；
   (5) $A_1 \overline{A_2}\,\overline{A_3} \cup \overline{A_1} A_2 \overline{A_3} \cup \overline{A_1}\,\overline{A_2} A_3$；
   (6) $A_1 A_2 \overline{A_3} \cup A_1 \overline{A_2} A_3 \cup \overline{A_1} A_2 A_3$；
   (7) $A_1 \overline{A_2}\,\overline{A_3} \cup \overline{A_1} A_2 \overline{A_3} \cup \overline{A_1}\,\overline{A_2} A_3 \cup A_1 A_2 \overline{A_3} \cup A_1 \overline{A_2} A_3 \cup \overline{A_1} A_2 A_3 \cup A_1 A_2 A_3$ 或 $A_1 \cup A_2 \cup A_3$.

3. (1) $\overline{AB} = \{x | \frac{1}{4} \leq x \leq \frac{1}{2}\} \cup \{x | 1 < x < \frac{3}{2}\}$；
   (2) $\overline{A} \cup B = \Omega$；
   (3) $\overline{\overline{A}\,\overline{B}} = A \cup B = B$；
   (4) $\overline{A} \cup \overline{B} = \{x | 0 \leq x \leq \frac{1}{2}\} \cup \{x | 1 < x \leq 2\}$.

习题 1.2

1. $\frac{8}{15}$.

2. (1) 0.997 8；　(2) 0.087 8.

3. (1) $\frac{1}{6}$；　(2) $\frac{5}{18}$；　(3) $\frac{1}{6}$.

4. 0.007 3.

5. (1) 0.329；　(2) 0.539；　(3) 0.79.

6. (1) $\frac{6}{16}$；　(2) $\frac{9}{16}$；　(3) $\frac{1}{16}$.

7. $\frac{1}{6}$.

习题 1.3

1. (1) $\frac{M-1}{N-1}$；　(2) $\frac{M}{N-1}$.

2. $A_i (i = 1,2,3)$ 表示第 i 人取到红球，则 $A_2 = \overline{A_1} A_2, A_3 = \overline{A_1}\,\overline{A_2} A_3$，再根据乘法公式可证概率皆为 $\frac{1}{3}$.

3. (1) 0.3；　(2) 0.6.

4. (1) $\frac{28}{45}$；　(2) $\frac{1}{45}$；　(3) $\frac{16}{45}$；　(4) $\frac{1}{5}$.

5. $\frac{2}{9}$.

6. (1) 0.988；　(2) 0.058.

习题 1.4

1. (1) $\frac{53}{120}$；　(2) $\frac{20}{53}$.

2. 3.5%.

3. 0.905.

4. 0.37.

5. (1) 0.974；　(2) 0.402 5.

6. 0.209.

习题 1.5

1. (1) 0.694；　(2) 0.456.

2. (1) 0.309；　(2) 0.472.

3. 0.19.

4. 11.

5. (1) 0.81；　(2) 0.32；　(3) 0.576 4；　(4) 0.298 8.

总习题 1

(A)

1. (1) $A\,\overline{B}\,\overline{C}$；

(2) ABC;
(3) $\bar{A}\,\bar{B}\,\bar{C}$;
(4) $\overline{ABC}$;
(5) $\bar{A}(B \cup C)$;
(6) $A \cup B \cup C$;
(7) $A\,\bar{B}\,\bar{C} + \bar{A}B\,\bar{C} + \bar{A}\,\bar{B}C$;
(8) $AB \cup AC \cup BC$;
(9) $\overline{AB \cup AC \cup BC}$ 或 $\bar{A}\,\bar{B} \cup \bar{A}\,\bar{C} \cup \bar{B}\,\bar{C}$.

2. (1)√; (2)×; (3)×; (4)√.

3. 选择题
(1) A; (2) B.

4. $P(AB) \leqslant P(A) \leqslant P(A \cup B) \leqslant P(A) + P(B)$.

当 $A \subset B$ 时，$P(AB) = P(A)$；
当 $B \subset A$ 时，$P(A) = P(A \cup B)$；
当 $AB = \varnothing$ 时，$P(A \cup B) = P(A) + P(B)$.

5. 0.6.

6. $\dfrac{5}{8}$.

7. 0.82.

8. $1 - p$.

9. (1) 当 $P(AB) = 0.5$ 时，$P(AB)$ 最大；
(2) 当 $P(A \cup B) = 1$ 时，$P(AB)$ 最小.

10. 0.879.

11. 0.328.

12. $\dfrac{1}{10}$.

13. 0.8.

14. 0.7361.

15. $\dfrac{1}{n}(1 \leqslant k \leqslant n)$.

16. 0.64.

17. 甲在五局三胜制中获胜的可能性较大.

18. (1) 0.7004; (2) 0.8507.

19. 0.132.

20. (1) 0.81; (2) 0.316.

(B)

1. 填空题

$\dfrac{13}{48}$.

2. 选择题
(1) C; (2) D; (3) C; (4) B.

3. (1) $\dfrac{29}{90}$; (2) $\dfrac{20}{61}$.

4. (1) $\dfrac{1}{3}$; (2) $\dfrac{1}{5}$.

习题 2.1

1. (1)、(4) 离散取值；(2)、(3) 连续取值.

2. $X = X(\omega) = \begin{cases} 0, & \omega = \text{号码小于} 5, \\ 1, & \omega = \text{号码等于} 5, \\ 2, & \omega = \text{号码大于} 5. \end{cases}$

$P(X=0) = \dfrac{5}{10}, P(X=1) = \dfrac{1}{10}, P(X=2) = \dfrac{4}{10}$.

习题 2.2

1.

X	0	1
P	0.02	0.98

2.

X	0	1	2
P	0.01	0.18	0.81

3. 0.007125.

4. (1) $P(X=2) = 0.0729$; (2) $P(X \geqslant 3) = 0.00856$;
(3) $P(X \geqslant 1) = 0.40951$.

5. $P(X \geqslant 3) \approx 0.0474$.

6. 0.083918.

7. $P(X=k) = C_{k-1}^{2}\left(\dfrac{1}{4}\right)^{k-3}\left(\dfrac{3}{4}\right)^{3}, k = 3, 4, 5\cdots$.

习题 2.3

1. (1) $k = \dfrac{1}{6}$; (2) $\dfrac{3}{4}$.

2. (1) $A = \dfrac{1}{2}$; (2) 0.316.

3. (1) $k=\dfrac{1}{3}, b=-\dfrac{1}{6}$; (2) 0.5.

4. $\dfrac{20}{27}$.

5. 0.593 4 或 $1-e^{-\frac{9}{10}}$.

6. (1) 0.5; (2) 0.2.

7. $1-e^{-2}$.

习题 2.4

1. (1) $F(x)=\begin{cases}0, & x<0,\\ \dfrac{1}{3}, & 0\leqslant x<1,\\ \dfrac{1}{2}, & 1\leqslant x<2,\\ 1, & x\geqslant 2;\end{cases}$

(2) 略.

2.

X	1	2	3
P	$\dfrac{9}{19}$	$\dfrac{6}{19}$	$\dfrac{4}{19}$

3. (1) $A=\dfrac{1}{2}, B=\dfrac{1}{\pi}$; (2) $\dfrac{1}{2}$;

(3) $f(x)=\dfrac{1}{\pi(1+x^2)}, -\infty<x<+\infty$.

4. (1) 0.4;

(2) $f(x)=\begin{cases}2x, & 0<x<1,\\ 0, & 其他.\end{cases}$

5. (1) 0.6; (2) 0.75.

6. (1) 0.991 8; (2) 0.211 9; (3) 0.866 4; (4) 0.045 5.

7. $P(-1<X<4)=0.668\ 7$, $P(X\geqslant 2)=0.691\ 5$.

8. 1.88 米.

习题 2.5

1.

$2X+1$	-3	-1	1	3	7
P	$\dfrac{1}{5}$	$\dfrac{1}{6}$	$\dfrac{1}{5}$	$\dfrac{1}{15}$	$\dfrac{11}{30}$

2.
(1)

X	$-\pi$	0	π
P	$\dfrac{1}{4}$	$\dfrac{1}{2}$	$\dfrac{1}{4}$

(2)

X	-1	0	1
P	$\dfrac{1}{4}$	$\dfrac{1}{2}$	$\dfrac{1}{4}$

3. $f_Y(y)=\begin{cases}\dfrac{y-8}{32}, & 8<y<16,\\ 0, & 其他.\end{cases}$

4. $f_Y(y)=\begin{cases}\dfrac{1}{\sqrt{2\pi}y}e^{-\frac{(\ln y)^2}{2}}, & y>0,\\ 0, & 其他.\end{cases}$

5. $f_Y(y)=\begin{cases}\dfrac{1}{2\sqrt{y}}e^{-\sqrt{y}}, & y>0,\\ 0, & 其他.\end{cases}$

6. $k=0.71$.

总习题 2

(A)

1. (1) A; (2) D; (3) A; (4) C; (5) B; (6) B.

2. (1) $\dfrac{4}{5}$; (2) 4; (3) $\dfrac{8}{25}$; (4) 0.72; (5) $2e^{-2}$.

3. $a=1$.

4.

X	0	1	2
P	0.2	0.6	0.2

5. $P(X=k)=0.98^{k-1}\times 0.02, k=1,2,\cdots$.

6. (1) 0.000 069; (2) 0.986 3, 0.616 0.

7. $f(x)=\begin{cases}\dfrac{1}{4}, & 2<x<6,\\ 0, & 其他.\end{cases}$

8. (1) $a=\sqrt[4]{0.5}$; (2) $b=\sqrt[4]{0.95}$.

9. $\dfrac{1}{3}$.

10.

X	-1	1	3
$p(x_i)$	0.4	0.4	0.2

11. (1) $A = \dfrac{1}{2}$； (2) $\dfrac{\sqrt{2}}{4}$；

(3) $F(x) = \begin{cases} 0, & x < -\dfrac{\pi}{2}, \\ \dfrac{\sin x + 1}{2}, & -\dfrac{\pi}{2} \leq x < \dfrac{\pi}{2}, \\ 1, & x \geq \dfrac{\pi}{2}. \end{cases}$

12. 能使用.

13. $f_Y(y) = \begin{cases} 1, & 0 < y < 1, \\ 0, & 其他. \end{cases}$

14. $f_Y(y) = \begin{cases} \sqrt{\dfrac{2}{\pi}} e^{-\dfrac{y^2}{2}}, & y > 0, \\ 0, & 其他. \end{cases}$

15. 略.

(B)

1. (1) A； (2) A； (3) C； (4) A； (5) D； (6) A.

2. [1,3].

3. 设 $G(y)$ 是随机变量 $Y = F(X)$ 的分布函数，则
$$G(y) = \begin{cases} 0, & y \leq 0, \\ y, & 0 < y < 1, \\ 1, & y \geq 1. \end{cases}$$

4. $F_Y(y) = \begin{cases} 0, & y < 0, \\ \dfrac{3y}{4}, & 0 \leq y < 1, \\ \dfrac{1}{2} + \dfrac{y}{4}, & 1 \leq y < 2, \\ 1, & y \geq 2. \end{cases}$

5. $P(Y = k) = (k-1)\left(\dfrac{7}{8}\right)^{k-2}\left(\dfrac{1}{8}\right)^2$, $k = 2,3,\cdots$.

习题 3.1

1. (1) 不放回抽取 (X_1, X_2) 的概率分布如下：

X_1 \ X_2	0	1
0	$\dfrac{7}{15}$	$\dfrac{7}{30}$
1	$\dfrac{7}{30}$	$\dfrac{1}{15}$

(2) 有放回抽取 (X_1, X_2) 的概率分布如下：

X_1 \ X_2	0	1
0	0.49	0.21
1	0.21	0.09

2.

X_1 \ X_2	0	1
0	0.0455	0.2719
1	0	0.6826

3. 0.2, 0.4.

4. $F(x,y) = \begin{cases} (1-e^{-2x})(1-e^{-3y}), & x \geq 0, y \geq 0, \\ 0, & 其他. \end{cases}$

5. (1) $C = 12$；

(2) $F(x,y) = \begin{cases} (1-e^{-3x})(1-e^{-4y}), & x \geq 0, y \geq 0, \\ 0, & 其他; \end{cases}$

(3) $(1-e^{-3})(1-e^{-8})$.

6. (1) $A = \dfrac{3}{\pi}$； (2) $\dfrac{1}{2}$.

7. (1) $k = \dfrac{1}{8}$； (2) $\dfrac{3}{8}$.

习题 3.2

1.

X_2	0	1
P	0.7	0.3

2. (1)

X \ Y	1	3
0	0	$\frac{1}{8}$
1	$\frac{3}{8}$	0
2	$\frac{3}{8}$	0
3	0	$\frac{1}{8}$

(2)

X	0	1	2	3
P	$\frac{1}{8}$	$\frac{3}{8}$	$\frac{3}{8}$	$\frac{1}{8}$

Y	1	3
P	$\frac{6}{8}$	$\frac{2}{8}$

3. (1) (X,Y) 的概率分布为

X \ Y	0	1
0	$\frac{1}{28}$	$\frac{3}{14}$
1	$\frac{3}{14}$	$\frac{15}{28}$

(2) (X,Y) 关于 X 的边缘概率分布为

X	0	1
P	$\frac{1}{4}$	$\frac{3}{4}$

(X,Y) 关于 Y 的边缘概率分布为

Y	0	1
P	$\frac{1}{4}$	$\frac{3}{4}$

4. $f_X(x) = \begin{cases} \dfrac{2\sqrt{r^2-x^2}}{\pi r^2}, & |x| \leq r, \\ 0, & |x| > r; \end{cases}$

$f_Y(y) = \begin{cases} \dfrac{2\sqrt{r^2-y^2}}{\pi r^2}, & |y| \leq r, \\ 0, & |y| > r. \end{cases}$

5. $f_X(x) = \begin{cases} \dfrac{1}{2}x^2 e^{-x}, & x > 0, \\ 0, & x \leq 0; \end{cases}$

$f_Y(y) = \begin{cases} \dfrac{3}{(y+1)^4}, & y > 0, \\ 0, & y \leq 0. \end{cases}$

6. (1) $C = \dfrac{21}{4}$;

(2) $f_X(x) = \begin{cases} \dfrac{21}{8}x^2(1-x^4), & -1 \leq x \leq 1, \\ 0, & 其他, \end{cases}$

$f_Y(y) = \begin{cases} \dfrac{7}{2}y^{\frac{5}{2}}, & 0 \leq y \leq 1, \\ 0, & 其他. \end{cases}$

习题 3.3

1. $P(X=0|Y=0) = \dfrac{1}{7}$, $P(X=1|Y=0) = \dfrac{6}{7}$.

2.

Y	1	2	3
$P(Y=k|X=3)$	$\frac{1}{3}$	$\frac{1}{3}$	$\frac{1}{3}$

Y	1	2	3	4
$P(Y=k|X=4)$	$\frac{1}{4}$	$\frac{1}{4}$	$\frac{1}{4}$	$\frac{1}{4}$

3. (1) 当 $0 < y \leq 1$ 时, $f_{X|Y}(x|y)$
$= \begin{cases} \dfrac{3}{2}x^2 y^{-\frac{3}{2}}, & -\sqrt{y} < x < \sqrt{y}, \\ 0, & 其他; \end{cases}$

$f_{X|Y}\left(x\Big|y=\dfrac{1}{2}\right) = \begin{cases} \sqrt[3]{2}x^2, & -\dfrac{1}{\sqrt{2}} < x < \dfrac{1}{\sqrt{2}}, \\ 0, & 其他. \end{cases}$

(2) 当 $-1 < x < 1$ 时, $f_{Y|X}(y|x)$
$= \begin{cases} \dfrac{2y}{1-x^4}, & x^2 < y < 1, \\ 0, & 其他; \end{cases}$

$f_{Y|X}\left(y\Big|x=\dfrac{1}{3}\right) = \begin{cases} \dfrac{81}{40}y, & \dfrac{1}{9} < y < 1, \\ 0, & 其他; \end{cases}$

$$f_{Y|X}\left(y\,\Big|\,x=\frac{1}{2}\right)=\begin{cases}\dfrac{32}{15}y, & \dfrac{1}{4}<y<1,\\ 0, & \text{其他.}\end{cases}$$

(3) $P\left(Y\geqslant\dfrac{1}{4}\,\Big|\,X=\dfrac{1}{2}\right)=1$;

$P\left(Y\geqslant\dfrac{3}{4}\,\Big|\,X=\dfrac{1}{2}\right)=\dfrac{7}{15}$.

4. $f_{X|Y}(x|y)=\dfrac{f(x,y)}{f_Y(y)}=$

$$\begin{cases}\dfrac{1}{2\sqrt{1-y^2}}, & -\sqrt{1-y^2}\leqslant x\leqslant\sqrt{1-y^2},\\ 0, & \text{其他.}\end{cases}$$

习题 3.4

1.

X\Y	2	4	5
1	0.02	0.03	0.05
2	0.08	0.12	0.2
3	0.1	0.15	0.25

2. (1)

X\Y	0	1
−1	$\dfrac{1}{4}$	0
0	0	$\dfrac{1}{2}$
1	$\dfrac{1}{4}$	0

(2) 不相互独立.

3. (1) 相互独立; (2) 不相互独立.

4. 不相互独立.

5. 不相互独立.

习题 3.5

1. (1) $Z=X+Y$ 的概率分布为

$Z=X+Y$	−2	−1	0	1	2	3	4
P	0.2	0.15	0.1	0.4	0	0.1	0.05

(2) $Z=XY$ 的概率分布为

$Z=XY$	−2	−1	0	1	2	4
P	0.4	0.1	0.15	0.2	0.1	0.05

2. $f_Z(z)=\begin{cases}1-e^{-z}, & 0\leqslant z<1,\\ (e-1)e^{-z}, & z\geqslant 1,\\ 0, & \text{其他.}\end{cases}$

3. 略.

4. $P(Z=n)=\dfrac{n-1}{2^n}, n=1,2,\cdots$.

5. $f_Z(z)=\dfrac{1}{4a}\left(1+\dfrac{|x|}{a}\right)e^{-\frac{|x|}{a}}$.

总习题 3

(A)

1.

X\Y	0	1	2
0	$\dfrac{1}{4}$	$\dfrac{1}{4}$	$\dfrac{1}{16}$
1	$\dfrac{1}{4}$	$\dfrac{1}{8}$	0
2	$\dfrac{1}{16}$	0	0

2.

X\Y	0	1	2
0	$\dfrac{1}{225}$	$\dfrac{8}{225}$	$\dfrac{6}{225}$
1	$\dfrac{24}{225}$	$\dfrac{72}{225}$	$\dfrac{24}{225}$
2	$\dfrac{36}{225}$	$\dfrac{48}{225}$	$\dfrac{6}{225}$

3.

X\Y	0	1	2	3
0	$\dfrac{1}{8}$	$\dfrac{3}{16}$	$\dfrac{3}{32}$	$\dfrac{1}{64}$
1	$\dfrac{3}{16}$	$\dfrac{3}{16}$	$\dfrac{3}{64}$	0
2	$\dfrac{3}{32}$	$\dfrac{3}{64}$	0	0
3	$\dfrac{1}{64}$	0	0	0

4. $A = \dfrac{1}{2}$.

5. $\dfrac{1}{4\pi}$.

6. $e^{-1} - e^{-2} - e^{-3} + e^{-4}$.

7. (1) (X,Y)的概率分布为

X \ Y	0	1
0	$\dfrac{0}{16}$	$\dfrac{3}{16}$
1	$\dfrac{3}{16}$	$\dfrac{9}{16}$

(2) (X,Y)关于X的边缘概率分布为

X	0	1
P	$\dfrac{1}{4}$	$\dfrac{3}{4}$

(X,Y)关于Y的边缘概率分布为

Y	0	1
P	$\dfrac{1}{4}$	$\dfrac{3}{4}$

8. (X,Y)的概率分布为

X \ Y	0	1	2
0	0	$\dfrac{5}{45}$	$\dfrac{10}{45}$
1	$\dfrac{4}{45}$	$\dfrac{20}{45}$	0
2	$\dfrac{6}{45}$	0	0

(X,Y)关于X的边缘概率分布为

X	0	1	2
P	$\dfrac{15}{45}$	$\dfrac{24}{45}$	$\dfrac{6}{45}$

(X,Y)关于Y的边缘概率分布为

Y	0	1	2
P	$\dfrac{10}{45}$	$\dfrac{25}{45}$	$\dfrac{10}{45}$

9. $f_X(x) = \begin{cases} \dfrac{\sqrt{4-x^2}}{2\lambda}, & |x| \leq 2, \\ 0, & |x| > 2, \end{cases}$

$f_Y(y) = \begin{cases} \dfrac{\sqrt{4-y^2}}{2\lambda}, & |y| \leq 2, \\ 0, & |y| > 2. \end{cases}$

10. $P(X=0|Y=0) = 0.25$, $P(X=1|Y=0) = 0.25$, $P(X=2|Y=0) = 0.50$.

11. $p_{ij} = P(X_1=i, X_2=j) = p^2 q^{j-2}$ ($q = 1-p$, $j=2,3,\cdots$),

$P(X_1=i|X_2=j) = \dfrac{p_{ij}}{p_{\cdot j}} = \dfrac{p^2 q^{j-2}}{(j-1)p^2 q^{j-2}} = \dfrac{1}{j-1}$ ($i=1,2,\cdots,j-1$),

$P(X_2=j|X_1=i) = \dfrac{p_{ij}}{p_{i \cdot}} = \dfrac{p^2 q^{j-2}}{pq^{i-1}} = pq^{j-i-1}$ ($j=i+1, i+2, \cdots$).

12. $f_{X|Y}(x|y) = \begin{cases} 2x, & 0 \leq x \leq 1, \\ 0, & \text{其他}, \end{cases}$

$f_{Y|X}(y|x) = \begin{cases} 2y, & 0 \leq y \leq 1, \\ 0, & \text{其他}. \end{cases}$

13. $f_{Y|X}(y|x) = \begin{cases} \dfrac{1}{x}, & 0 < y < x, \\ 0, & \text{其他}. \end{cases}$

14. 相互独立.

15. (1) $C = 6$; (2) 略.

16.

X \ Y	0	1	2
0	$\dfrac{1}{12}$	0	0
-1	0	$\dfrac{1}{6}$	$\dfrac{1}{3}$
2	$\dfrac{5}{12}$	0	0

Y	0	1	2
P	$\dfrac{1}{2}$	$\dfrac{1}{6}$	$\dfrac{1}{3}$

Z	0	1	2
P	$\dfrac{1}{4}$	$\dfrac{1}{3}$	$\dfrac{5}{12}$

17.

X_2 \ X_1	1	2	3	4
1	0	$\frac{2}{90}$	$\frac{3}{90}$	$\frac{4}{90}$
2	$\frac{2}{90}$	$\frac{2}{90}$	$\frac{6}{90}$	$\frac{8}{90}$
3	$\frac{3}{90}$	$\frac{6}{90}$	$\frac{6}{90}$	$\frac{12}{90}$
4	$\frac{4}{90}$	$\frac{8}{90}$	$\frac{12}{90}$	$\frac{12}{90}$

X_1+X_2	2	3	4	5	6	7	8
P	0	$\frac{2}{45}$	$\frac{4}{45}$	$\frac{10}{45}$	$\frac{11}{45}$	$\frac{12}{45}$	$\frac{6}{45}$

$X_1 X_2$	1	2	3	4	6	8	9	12	16
P	0	$\frac{2}{45}$	$\frac{3}{45}$	$\frac{5}{45}$	$\frac{6}{45}$	$\frac{8}{45}$	$\frac{3}{45}$	$\frac{12}{45}$	$\frac{16}{45}$

(B)

1. (1) 0.4, 0.1； (2) $\frac{1}{9}$； (3) $\frac{1}{2}$.

2. (1) A； (2) A； (3) A； (4) B；
   (5) D； (6) C.

3. 略.

4. $f(u) = \begin{cases} \frac{1}{2}(2-u), & 0<u<2, \\ 0, & \text{其他.} \end{cases}$

5. $F(Y) = \begin{cases} 0, & y<0, \\ 1-e^{-\frac{y}{5}}, & 0 \le y <2, \\ 1, & y \ge 2. \end{cases}$

6. $g(u) = 0.3f(u-1) + 0.7f(u-2)$.

7. (1) $f_X(x) = \begin{cases} 2x, & 0<x<1, \\ 0, & \text{其他,} \end{cases}$

   $f_Y(y) = \begin{cases} 1-\frac{y}{2}, & 0<y<2, \\ 0, & \text{其他;} \end{cases}$

   (2) $f_Z(z) = \begin{cases} 1-\frac{z}{2}, & 0<z<2, \\ 0, & \text{其他;} \end{cases}$

   (3) $P\left(Y \le \frac{1}{2} \mid X \le \frac{1}{2}\right) = \frac{3}{4}$.

8. (1) $P(X > 2Y) = \frac{7}{24}$；

   (2) $f_Z(z) = \begin{cases} z(2-z), & 0<z<1, \\ (2-z)^2, & 1 \le z <2, \\ 0, & \text{其他.} \end{cases}$

9. (1) $f_{Y|X}(y|x) = \frac{f(x,y)}{f_X(x)} = \begin{cases} \frac{1}{x}, & 0<y<1, \\ 0, & \text{其他;} \end{cases}$

   (2) $P(X \le 1 \mid Y \le 1) = \frac{e-2}{e-1}$.

10. (1) $P(X=1 \mid Z=0) = \frac{4}{9}$；

    (2)

X \ Y	0	1	2
0	$\frac{1}{4}$	$\frac{1}{3}$	$\frac{1}{9}$
1	$\frac{1}{6}$	$\frac{1}{9}$	0
2	$\frac{1}{36}$	0	0

11. $A = \frac{1}{\pi}$；$f_{Y|X}(y|x) = \frac{1}{\sqrt{\pi}} e^{-(x-y)^2}$, $-\infty < y < +\infty$.

12. (1) $f_X(x) = \begin{cases} x, & 0 \le x <1, \\ 2-x, & 1 < x \le 2, \\ 0, & \text{其他;} \end{cases}$

    (2) $f_{X|Y}(x|y) = \begin{cases} \frac{1}{2-2y}, & y \le x \le 2-y, \\ 0, & \text{其他.} \end{cases}$

13. (1) $f(x,y) = \begin{cases} \frac{9y^2}{x}, & 0<y<x, 0<x<1, \\ 0, & \text{其他;} \end{cases}$

    (2) $f_Y(y) = \begin{cases} -9y^2 \ln y, & 0<y<1, \\ 0, & \text{其他;} \end{cases}$

    (3) $P(X > 2Y) = \frac{1}{8}$.

14. (1) $f(x,y) = \begin{cases} 3, & (x,y) \in D, \\ 0, & \text{其他;} \end{cases}$

    (2) 不相互独立；

$(3) f_Z(z) = \begin{cases} 0, & z<0, \\ \dfrac{3}{2}z^2 - z^3, & 0 \leq z < 1, \\ \dfrac{1}{2} + 2(z-1)^{\frac{3}{2}} - \dfrac{3}{2}(z-1)^2, & 1 \leq z < 2, \\ 1, & z \geq 2 \end{cases}$

习题 4.1

1. $E(X) = -0.2, E(X^2) = 2.8$, $E(3X^2+5) = 13.4$.

2. $E(X) = \dfrac{1}{p}$.

3. (1) 2; (2) $\dfrac{1}{3}$.

4. (1) $E(X) = 1.9, E(2X) = 3.8$, $E(Y) = 6.6$;
   (2) $E(2Y^2+3) = 90.6$.

5. (1) 相等; (2) 不独立.

6. 1 394 元.

习题 4.2

1. $D(X) = \dfrac{1-p}{p^2}$.

2. $E(X) = \sqrt{\dfrac{\pi}{2}}\sigma, D(X) = \dfrac{4-\pi}{2}\sigma^2$.

3. $D(X) = \dfrac{1}{6}, D(1-2X) = \dfrac{2}{3}, D(2X-1) = \dfrac{2}{3}$.

4. $D(X) > D(Y)$,乙厂生产的灯泡质量较好.

5. (1) $C = \dfrac{3}{16}$; (2) $0, \dfrac{12}{5}$.

6. (1) $\dfrac{1}{4}, -\dfrac{1}{6}$; (2) $\dfrac{11}{16}, \dfrac{41}{36}$; (3) $\dfrac{41}{9}$.

习题 4.3

1. $E(X) = \dfrac{2}{3}, E(Y) = 0, \mathrm{Cov}(X, Y) = 0$.

2. 略.

3. $\varphi(x, y) = \dfrac{1}{3\sqrt{5}\pi} e^{-\frac{8}{15}\left(\frac{x^2}{3} + \frac{xy}{4\sqrt{3}} + \frac{y^2}{4}\right)}$.

4. $\rho_{XY} = 0$.

5. (1) $\dfrac{5}{12}, \dfrac{5}{12}$; (2) $\dfrac{11}{24}, \dfrac{491}{144}$; (3) $\sqrt{\dfrac{11}{41}}$.

6. $f(z) = \dfrac{1}{\sqrt{2\pi}\sqrt{44}} e^{-\frac{(z+6)^2}{88}}$.

习题 4.4

1. $\mathrm{Cov}(X, Y) = -0.02, \rho_{XY} \approx -0.09$, $C = \begin{pmatrix} 0.21 & -0.02 \\ -0.02 & 0.24 \end{pmatrix}$.

2. $E([X-E(X)]^k) = \begin{cases} 0, & k \text{ 为奇数}, \\ \lambda^k k!, & k \text{ 为偶数}. \end{cases}$

3. $\dfrac{3}{4}$.

习题 4.5

1. 略.

2. $P(|X-\mu| < 3\sigma) = \dfrac{8}{9}$.

3. 0.975.

4. 略.

习题 4.6

1. 0.022 75.
2. 0.438 22.
3. 0.977 78.
4. 0.099 5.
5. 0.84.

总习题 4

(A)

1. (1) 5; (2) 0.7; (3) 6; (4) $n = 15, p = 0.4$; (5) 4; (6) 1.2; (7) $\dfrac{\pi}{2}$; (8) 44; (9) $\dfrac{1}{2}$.

2. (1) A; (2) A; (3) B; (4) C; (5) D; (6) C; (7) A; (8) A.

3. $\dfrac{1}{2}$.

4. $\dfrac{15}{8}$.

5. $0, \dfrac{1}{2}$.

6. $E(Y) = -4, D(Y) = 36, \mathrm{Cov}(X,Y) = -12$.

7. (1) $\dfrac{1}{p}, \dfrac{1-p}{p^2}$;　(2) $\dfrac{k}{p}, k\dfrac{1-p}{p^2}$.

8. $D(X) > D(Y)$, 乙技术较稳定.

9. 0.

10. 略.

11. 0.983 8.

12. 643.

(B)

1. (1) $\dfrac{8}{9}$;　(2) -0.02;　(3) 0.9;　(4) 16;　(5) $\dfrac{1}{12}$;　(6) $\mu(\mu^2 + \sigma^2)$;　(7) $\dfrac{9}{2}$;　(8) $2\mathrm{e}^2$.

2. (1) A;　(2) D;　(3) B;　(4) C;　(5) C.

3. (1) $P(U=0, V=0) = \dfrac{1}{4}, P(U=0, V=1) = 0, P(U=1, V=0) = \dfrac{1}{4}, P(U=1, V=1) = \dfrac{1}{2}$;　(2) $\dfrac{1}{\sqrt{3}}$.

4. (1) X 和 Y 的联合概率分布为

$$(X,Y) \sim \begin{pmatrix} (-1,-1) & (-1,1) & (1,-1) & (1,1) \\ \dfrac{1}{4} & 0 & \dfrac{1}{2} & \dfrac{1}{4} \end{pmatrix};$$

(2) 2.

5. Y 的分布函数为

$$F(Y) = \begin{cases} 0, & y < 0, \\ 1 - \mathrm{e}^{-\frac{y}{5}}, & 0 \le y < 2, \\ 1, & y \ge 2. \end{cases}$$

6. (1) 二维随机变量 (X,Y) 的概率分布

Y \ X	0	1
0	$\dfrac{2}{3}$	$\dfrac{1}{6}$
1	$\dfrac{1}{12}$	$\dfrac{1}{12}$

(2) $\rho_{XY} = \dfrac{\sqrt{15}}{15}$;

(3)

Z	0	1	2
P	$\dfrac{2}{3}$	$\dfrac{1}{4}$	$\dfrac{1}{12}$

7. (1) $f_Y(y) = \begin{cases} \dfrac{3}{8\sqrt{y}}, & 0 < y < 1, \\ \dfrac{1}{8\sqrt{y}}, & 1 \le y < 4, \\ 0, & \text{其他}; \end{cases}$

(2) $\mathrm{Cov}(X,Y) = \dfrac{2}{3}$;

(3) $F\left(-\dfrac{1}{2}, 4\right) = \dfrac{1}{4}$.

8. (1)

X \ Y	0	1	2
0	$\dfrac{1}{5}$	$\dfrac{2}{5}$	$\dfrac{1}{15}$
1	$\dfrac{1}{5}$	$\dfrac{2}{15}$	0

(2) $\mathrm{Cov}(X,Y) = -\dfrac{4}{45}$.

9. 最多可以装 98 箱.

10. (1) $\dfrac{4}{9}$;

(2) $f_Z(z) = \begin{cases} z, & 0 \le z \le 1, \\ z - 2, & 2 \le z \le 3, \\ 0, & \text{其他}. \end{cases}$

11. (1)

Y \ X	0	1
0	$\dfrac{2}{9}$	$\dfrac{1}{9}$
1	$\dfrac{1}{9}$	$\dfrac{5}{9}$

(2) $\dfrac{4}{9}$.

12. (1)

Y\X	-1	0	1
0	0	$\frac{1}{3}$	0
1	$\frac{1}{3}$	0	$\frac{1}{3}$

(2) $Z = XY$ 的概率分布为

Z	-1	0	1
P	$\frac{1}{3}$	$\frac{1}{3}$	$\frac{1}{3}$

(3) $\rho_{XY} = 0$.

13. (1) $P(X = 2Y) = \frac{1}{4}$;

(2) $\text{Cov}(X - Y, Y) = -\frac{2}{3}, \rho_{XY} = 0$.

14. (1) $f_V(v) = F'_V(v) = \begin{cases} 2e^{-2v}, & v > 0, \\ 0, & \text{其他}; \end{cases}$

(2) $E(U + V) = 2$.

15. (1) $F_Y(y) = \begin{cases} 0, & y < 0, \\ \frac{3}{4}y, & 0 \leq y < 1, \\ \frac{1}{2}\left(1 + \frac{1}{2}y\right), & 1 \leq y < 2, \\ 1, & y \geq 2; \end{cases}$

(2) $\frac{3}{4}$.

16. (1) $P(Y = n) = C_{n-1}^1 p(1-p)^{n-2} p = (n-1)\left(\frac{1}{8}\right)^2 \left(\frac{7}{8}\right)^{n-2}, n = 2, 3, \cdots;$

(2) $E(Y) = 16$.

习题 5.1

1. 略.

2. $P(X_1 = x_1, X_2 = x_2, \cdots, X_n = x_n) = (1-p)^{\sum_{i=1}^{n} x_i - n} p^n$.

3. (1) 不是统计量, (2)、(3)、(4) 都为统计量.

4. $\bar{x} = 3, s^2 = \frac{34}{9}, s = \frac{\sqrt{34}}{3}$.

5. $\bar{x} = 3\,180, s^2 = 112\,736,$ $B_2 = 107\,099.998$.

习题 5.2

1. 略.

2. $\varphi(x) = \begin{cases} \left[\sigma^2 2^{\frac{n}{2}} \Gamma\left(\frac{n}{2}\right)\right]^{-1} e^{-\frac{x}{2\sigma^2}} x^{\frac{n}{2}-1}, & x > 0, \\ 0, & x \leq 0 \end{cases}$

3. 样本容量 n 的最小值为 8.

4. $C = \sqrt{\frac{3}{2}}$.

5. $\lambda = 0.004$.

6. (1) $\lambda_1 = 0.3003$; (2) $\lambda_2 = 0.0682$.

习题 5.3

1. 矩估计量 $\hat{\lambda} = \frac{1}{\bar{X}}$, 极大似然估计量 $\hat{\lambda} = \frac{1}{\bar{X}}$.

2. $\hat{p} = \frac{\bar{X}}{m}$.

3. $c = \frac{1}{3}, d = \frac{2}{3}$.

4. $\bar{X}$ 比 $\hat{\mu}_1$ 有效.

5. $C = \frac{1}{2n-2}$.

总习题 5

(A)

1. (1) C; (2) D; (3) C; (4) D; (5) A; (6) B; (7) B; (8) B.

2. $D(\bar{X}) = \frac{\lambda}{n}, E(S^2) = \lambda$.

3. $F_n(x) = \begin{cases} 0, & x < 2, \\ 0.20, & 2 \leq x < 3, \\ 0.40, & 3 \leq x < 5, \\ 0.60, & 5 \leq x < 7, \\ 0.80, & 7 \leq x < 8, \\ 1, & x \geq 8. \end{cases}$

4. 略. 5. 略.

6. 矩估计量 $\hat{\theta} = \dfrac{2\overline{X}-1}{1-\overline{X}}$,极大似然估计量 $\hat{\theta} = -1 - \dfrac{n}{\sum_{i=1}^{n}\ln X_i}$.

7. 略. 8. 略.

(B)

1. (1) $\dfrac{2}{5n}$; (2) $\sigma^2 + \mu^2$; (3) $\dfrac{1}{20},\dfrac{1}{100},2$;

(4) 2; (5) σ^2; (6) $\dfrac{1}{2}$;

(7) $\dfrac{1}{n}\sum_{i=1}^{n}X_i - 1$ 或 $\overline{X}-1$;

(8) $F,(10,5)$.

2. (1) B; (2) B; (3) B; (4) C.

3. (1) $\hat{\sigma} = \dfrac{1}{n}\sum_{i=1}^{n}|X_i|$; (2) $E(\hat{\sigma}) = \sigma, D(\hat{\sigma}) = \dfrac{\sigma^2}{n}$.

4. (1) $f_Z(z) = \begin{cases} \dfrac{2}{\sigma}\varphi\left(\dfrac{z}{\sigma}\right), & z \geq 0, \\ 0, & z < 0, \end{cases}$

其中 $\varphi(x) = \dfrac{1}{\sqrt{2\pi}}e^{-\frac{x^2}{2}}$ ($-\infty < x < +\infty$) 为标准正态概率密度;(2)矩估计量 $\hat{\sigma}_1 = \sqrt{\dfrac{\pi}{2}}\overline{Z}$;

(3) 极大似然估计量 $\hat{\sigma}_2 = \sqrt{\dfrac{1}{n}\sum_{i=1}^{n}Z_i^2}$.

5. (1) $f_T(t) = \begin{cases} \dfrac{9t^8}{\theta^9}, & 0 < t < \theta, \\ 0, & \text{其他}; \end{cases}$

(2) $a = \dfrac{10}{9}$.

6. (1) θ 的矩估计量 $\hat{\theta}_1 = 2\overline{X}-1$,其中 $\overline{X} = \dfrac{1}{n}\sum_{i=1}^{n}X_i$;(2) θ 的极大似然估计量 $\hat{\theta}_2 = \min_{1 \leq i \leq n} X_i$.

7. (1) θ 的矩估计量 $\hat{\theta}_1 = \overline{X}$,其中 $\overline{X} = \dfrac{1}{n}\sum_{i=1}^{n}X_i$;(2) θ 的极大似然估计量 $\hat{\theta}_2 = \dfrac{2n}{\sum_{i=1}^{n}\dfrac{1}{X_i}}$.

8. (1) 略; (2) $D(T) = \dfrac{2}{n(n-1)}$.

9. (1) 参数 θ 的矩估计量 $\hat{\theta} = 2\overline{X} - \dfrac{1}{2}$;(2) $4\overline{X}^2$ 不是 θ^2 的无偏估计量.

10. (1) θ 的矩估计量 $\hat{\theta}_1 = \dfrac{3}{2} - \overline{X}$,其中 $\overline{X} = \dfrac{1}{n}\sum_{i=1}^{n}X_i$; (2) θ 的极大似然估计量 $\hat{\theta}_2 = \dfrac{N}{n}$.

11. (1) $D(Y_i) = \dfrac{n-1}{n}\sigma^2, i = 1,2,\cdots,n$;

(2) $\text{Cov}(Y_1, Y_n) = -\dfrac{\sigma^2}{n}$;

(3) $C = \dfrac{n}{2(n-2)}$.

附 表

附表1 泊松分布表

$$P(X=k) = \frac{\lambda^k}{k!}e^{-\lambda}$$

k \ λ	0.1	0.2	0.3	0.4	0.5	0.6	0.7	0.8
0	0.904 837	0.808 731	0.740 818	0.676 320	0.606 531	0.548 812	0.496 585	0.449 329
1	0.090 484	0.163 746	0.222 245	0.268 128	0.303 265	0.329 287	0.347 610	0.359 463
2	0.004 524	0.016 375	0.033 337	0.053 626	0.075 816	0.098 786	0.121 663	0.143 785
3	0.000 151	0.001 092	0.003 334	0.007 150	0.012 636	0.019 757	0.028 388	0.038 343
4	0.000 004	0.000 055	0.000 250	0.000 175	0.001 580	0.002 964	0.004 968	0.007 669
5		0.000 002	0.000 015	0.000 057	0.000 158	0.000 356	0.000 696	0.001 227
6			0.000 001	0.000 004	0.000 013	0.000 036	0.000 081	0.000 164
7					0.000 001	0.000 003	0.000 008	0.000 019
8							0.000 001	0.000 002
9								

k \ λ	0.9	1.0	1.5	2.0	2.5	3.0	3.5	4.0
0	0.406 570	0.367 879	0.223 130	0.135 335	0.082 085	0.049 787	0.030 197	0.018 316
1	0.365 913	0.367 879	0.334 695	0.270 671	0.205 212	0.149 361	0.105 691	0.073 263
2	0.164 661	0.183 940	0.251 021	0.270 671	0.256 516	0.224 042	0.184 959	0.146 525
3	0.049 398	0.061 313	0.125 510	0.180 447	0.213 763	0.224 042	0.215 785	0.195 367
4	0.011 115	0.015 328	0.047 067	0.180 447	0.133 602	0.168 031	0.188 812	0.195 367
5	0.002 001	0.003 066	0.014 120	0.090 224	0.066 801	0.100 819	0.132 169	0.156 293
6	0.000 300	0.000 511	0.003 530	0.036 089	0.027 834	0.050 409	0.077 098	0.104 196
7	0.000 039	0.000 073	0.000 756	0.012 030	0.009 941	0.021 604	0.038 549	0.059 540
8	0.000 004	0.000 009	0.000 142	0.003 437	0.003 106	0.008 102	0.016 865	0.029 770
9		0.000 001	0.000 024	0.000 191	0.000 863	0.002 701	0.006 559	0.013 231
10			0.000 004	0.000 038	0.000 216	0.000 810	0.002 296	0.005 292
11				0.000 007	0.000 049	0.000 221	0.000 730	0.001 925
12				0.000 001	0.000 010	0.000 055	0.000 213	0.000 642
13					0.000 002	0.000 013	0.000 057	0.000 197
14						0.000 003	0.000 013	0.000 056
15						0.000 001	0.000 003	0.000 015
16							0.000 001	0.000 004
17								0.000 001

（续）

λ \ k	4.5	5.0	5.5	6.0	6.5	7.0	7.5	8.0
0	0.011 109	0.006 738	0.004 087	0.002 479	0.001 503	0.000 912	0.000 553	0.000 335
1	0.049 990	0.033 690	0.022 477	0.014 873	0.009 773	0.006 383	0.004 148	0.002 684
2	0.112 479	0.084 224	0.061 812	0.044 618	0.031 760	0.022 341	0.015 556	0.010 735
3	0.168 718	0.140 374	0.113 323	0.089 235	0.068 814	0.052 129	0.038 888	0.028 626
4	0.189 808	0.175 467	0.155 819	0.133 853	0.111 822	0.091 266	0.072 917	0.057 252
5	0.170 827	0.175 467	0.171 001	0.160 623	0.145 369	0.127 717	0.109 374	0.091 604
6	0.128 120	0.146 223	0.157 117	0.160 623	0.157 483	0.149 003	0.136 719	0.122 138
7	0.082 363	0.104 445	0.123 449	0.137 677	0.146 234	0.149 003	0.146 484	0.139 587
8	0.046 329	0.065 278	0.084 872	0.103 258	0.118 815	0.130 377	0.137 328	0.139 587
9	0.023 165	0.036 266	0.051 866	0.068 838	0.085 811	0.101 405	0.114 441	0.124 077
10	0.010 424	0.018 133	0.028 526	0.041 303	0.557 777	0.070 983	0.085 830	0.099 262
11	0.004 264	0.008 242	0.014 263	0.022 529	0.032 959	0.045 171	0.058 521	0.072 190
12	0.001 599	0.003 434	0.006 537	0.011 264	0.017 853	0.026 350	0.036 575	0.048 127
13	0.000 554	0.001 321	0.002 766	0.005 199	0.008 927	0.014 188	0.021 101	0.029 616
14	0.000 178	0.000 472	0.001 086	0.002 228	0.004 144	0.007 094	0.011 305	0.016 924
15	0.000 053	0.000 157	0.000 399	0.000 891	0.001 796	0.003 311	0.005 652	0.009 026
16	0.000 015	0.000 049	0.000 137	0.000 334	0.000 730	0.001 448	0.002 649	0.004 513
17	0.000 004	0.000 014	0.000 044	0.000 118	0.000 279	0.000 596	0.001 169	0.002 124
18	0.000 001	0.000 004	0.000 014	0.000 039	0.000 100	0.000 232	0.000 487	0.000 944
19		0.000 001	0.000 004	0.000 012	0.000 035	0.000 085	0.000 192	0.000 397
20			0.000 001	0.000 004	0.000 011	0.000 030	0.000 072	0.000 159
21				0.000 001	0.000 004	0.000 010	0.000 026	0.000 061
22					0.000 001	0.000 003	0.000 009	0.000 022
23						0.000 001	0.000 003	0.000 008
24							0.000 001	0.000 003
25								0.000 001

(续)

λ\k	8.5	9.0	9.5	10.0	λ\k	20	λ\k	30
0	0.000 203	0.000 123	0.000 075	0.000 045	5	0.000 1	12	0.000 1
1	0.001 730	0.001 111	0.000 711	0.000 454	6	0.000 2	13	0.000 2
2	0.007 350	0.004 998	0.003 378	0.002 270	7	0.000 5	14	0.000 5
3	0.020 826	0.014 994	0.010 696	0.007 567	8	0.001 3	15	0.001 0
4	0.044 255	0.033 737	0.025 403	0.018 917	9	0.002 9	16	0.001 9
							17	0.003 4
5	0.075 233	0.060 727	0.048 265	0.037 833	10	0.005 8	18	0.005 7
6	0.106 581	0.091 090	0.076 421	0.063 055	11	0.010 6	19	0.008 9
7	0.129 419	0.117 116	0.103 714	0.090 079	12	0.017 6	20	0.013 4
8	0.137 508	0.131 756	0.123 160	0.112 599	13	0.027 1	21	0.019 2
9	0.129 869	0.131 756	0.130 003	0.125 110	14	0.038 2	22	0.0261
					15	0.051 7	23	0.034 1
10	0.110 303	0.118 580	0.122 502	0.125 110	16	0.064 6	24	0.042 6
11	0.085 300	0.097 020	0.106 662	0.113 736	17	0.076 0	25	0.057 1
12	0.060 421	0.072 765	0.084 440	0.094 780	18	0.081 4	26	0.059 0
13	0.039 506	0.050 376	0.061 706	0.072 908	19	0.088 8	27	0.065 5
14	0.023 986	0.032 384	0.041 872	0.052 077			28	0.070 2
					20	0.088 8	29	0.072 6
15	0.013 592	0.019 431	0.026 519	0.034 718	21	0.084 6	30	0.072 6
16	0.007 220	0.010 930	0.015 746	0.021 699	22	0.076 7	31	0.070 3
17	0.003 611	0.005 786	0.008 799	0.012 764	23	0.066 9	32	0.065 9
18	0.001 705	0.002 893	0.004 644	0.007 091	24	0.055 7	33	0.059 9
19	0.000 762	0.001 370	0.002 322	0.003 732	25	0.044 6	34	0.052 9
					26	0.034 3	35	0.045 3
20	0.000 324	0.000 617	0.001 103	0.001 866	27	0.025 4	36	0.037 8
21	0.000 132	0.000 264	0.000 433	0.000 889	28	0.018 2	37	0.030 6
22	0.000 050	0.000 108	0.000 216	0.000 404	29	0.012 5	38	0.024 2
23	0.000 019	0.000 042	0.000 089	0.000 176			39	0.018 6
24	0.000 007	0.000 016	0.000 025	0.000 073	30	0.008 3	40	0.013 9
					31	0.005 4	41	0.010 2
25	0.000 002	0.000 006	0.000 014	0.000 029	32	0.003 4	42	0.007 3
26	0.000 001	0.000 002	0.000 004	0.000 011	33	0.002 0	43	0.005 1
27		0.000 001	0.000 002	0.000 004	34	0.001 2	44	0.003 5
28			0.000 001	0.000 001	35	0.000 7	45	0.002 3
29				0.000 001	36	0.000 4	46	0.001 5
					37	0.000 2	47	0.001 0
					38	0.000 1	48	0.000 6
					39	0.000 1		

附表 2 标准正态分布密度函数值表

$$\varphi(x) = \frac{1}{\sqrt{2\pi}} e^{-\frac{x^2}{2}}$$

x	0.00	0.01	0.02	0.03	0.04	0.05	0.06	0.07	0.08	0.09
0.0	0.398 9	0.398 9	0.398 9	0.398 8	0.398 6	0.398 4	0.398 2	0.398 0	0.397 7	0.397 3
0.1	0.397 0	0.396 5	0.396 1	0.395 6	0.395 1	0.394 5	0.393 9	0.393 2	0.392 5	0.391 8
0.2	0.391 0	0.390 2	0.389 4	0.388 5	0.387 6	0.386 7	0.385 7	0.384 7	0.383 6	0.382 5
0.3	0.381 4	0.380 2	0.379 0	0.377 8	0.376 5	0.375 2	0.373 9	0.372 5	0.371 2	0.369 7
0.4	0.368 3	0.366 8	0.365 3	0.363 7	0.362 1	0.360 5	0.358 9	0.357 2	0.355 5	0.353 8
0.5	0.352 1	0.350 3	0.348 5	0.346 7	0.344 8	0.342 9	0.341 0	0.339 1	0.337 2	0.335 2
0.6	0.333 2	0.331 2	0.329 2	0.327 1	0.325 1	0.323 0	0.320 9	0.318 7	0.316 6	0.314 4
0.7	0.312 3	0.310 1	0.307 9	0.305 6	0.303 4	0.301 1	0.298 9	0.296 6	0.294 3	0.292 0
0.8	0.289 7	0.287 4	0.285 0	0.282 7	0.280 3	0.278 0	0.275 6	0.273 2	0.270 9	0.268 5
0.9	0.266 1	0.263 7	0.261 3	0.258 9	0.256 5	0.254 1	0.251 6	0.249 2	0.246 8	0.244 4
1.0	0.242 0	0.239 6	0.237 1	0.234 7	0.232 3	0.229 9	0.227 5	0.225 1	0.222 7	0.220 3
1.1	0.217 9	0.215 5	0.213 1	0.210 7	0.208 3	0.205 9	0.203 6	0.201 2	0.198 9	0.196 5
1.2	0.194 2	0.191 9	0.189 5	0.187 2	0.184 9	0.182 6	0.180 4	0.178 1	0.175 8	0.173 6
1.3	0.171 4	0.169 1	0.166 9	0.164 7	0.162 6	0.160 4	0.158 2	0.156 1	0.153 9	0.151 8
1.4	0.149 7	0.147 6	0.145 6	0.143 5	0.141 5	0.139 4	0.137 4	0.135 4	0.133 4	0.131 5
1.5	0.129 5	0.127 6	0.125 7	0.123 8	0.121 9	0.120 0	0.118 2	0.116 3	0.114 5	0.112 7
1.6	0.110 9	0.109 2	0.107 4	0.105 7	0.104 0	0.102 3	0.100 6	0.098 93	0.097 28	0.095 66
1.7	0.094 05	0.092 46	0.090 89	0.089 33	0.087 80	0.086 28	0.084 78	0.083 29	0.081 83	0.080 38
1.8	0.078 95	0.077 54	0.076 14	0.074 77	0.073 41	0.072 06	0.070 74	0.069 43	0.068 14	0.066 87
1.9	0.065 62	0.064 38	0.063 16	0.061 95	0.060 77	0.059 59	0.058 44	0.057 30	0.056 18	0.055 08
2.0	0.053 99	0.052 92	0.051 86	0.050 82	0.049 80	0.048 79	0.047 80	0.046 82	0.045 86	0.044 91
2.1	0.043 98	0.043 07	0.042 17	0.041 28	0.040 41	0.039 59	0.038 71	0.037 88	0.037 06	0.036 26
2.2	0.035 47	0.034 70	0.033 94	0.033 19	0.032 46	0.031 74	0.031 03	0.030 34	0.029 65	0.028 98
2.3	0.028 33	0.027 68	0.027 05	0.026 43	0.025 82	0.025 22	0.024 63	0.024 06	0.023 49	0.022 94
2.4	0.022 39	0.021 86	0.021 34	0.020 83	0.020 33	0.019 84	0.019 36	0.018 88	0.018 42	0.017 97
2.5	0.017 53	0.017 09	0.016 67	0.016 25	0.015 85	0.015 45	0.015 06	0.014 68	0.014 31	0.013 94
2.6	0.013 58	0.013 23	0.012 87	0.012 56	0.012 23	0.011 91	0.011 60	0.011 30	0.011 00	0.010 71
2.7	0.010 42	0.010 14	$0.0^2 98\ 71$	$0.0^2 96\ 06$	$0.0^2 93\ 47$	$0.0^2 90\ 94$	$0.0^2 88\ 46$	$0.0^2 86\ 05$	$0.0^2 83\ 70$	$0.0^2 81\ 40$
2.8	$0.0^2 79\ 15$	$0.0^2 76\ 97$	$0.0^2 74\ 83$	$0.0^2 72\ 74$	$0.0^2 70\ 71$	$0.0^2 68\ 73$	$0.0^2 66\ 79$	$0.0^2 64\ 91$	$0.0^2 63\ 07$	$0.0^2 61\ 27$
2.9	0.025 953	$0.0^2 57\ 82$	$0.0^2 56\ 16$	$0.0^2 54\ 54$	$0.0^2 52\ 96$	$0.0^2 51\ 43$	$0.0^2 49\ 93$	$0.0^2 48\ 47$	$0.0^2 47\ 05$	$0.0^2 45\ 67$
3.0	$0.0^2 44\ 32$	$0.0^2 43\ 01$	$0.0^2 41\ 73$	$0.0^2 40\ 49$	$0.0^3 39\ 28$	$0.0^3 38\ 10$	$0.0^3 36\ 95$	$0.0^3 35\ 84$	$0.0^3 34\ 75$	$0.0^3 33\ 70$
3.1	$0.0^3 32\ 67$	$0.0^3 31\ 67$	$0.0^3 30\ 70$	$0.0^3 29\ 75$	$0.0^3 28\ 84$	$0.0^3 27\ 94$	$0.0^3 27\ 07$	$0.0^3 26\ 23$	$0.0^3 25\ 41$	$0.0^3 24\ 61$
3.2	$0.0^3 23\ 84$	$0.0^3 23\ 09$	$0.0^3 22\ 36$	$0.0^3 21\ 65$	$0.0^3 20\ 96$	$0.0^3 20\ 29$	$0.0^3 19\ 64$	$0.0^3 19\ 01$	$0.0^3 18\ 40$	$0.0^3 17\ 80$
3.3	$0.0^3 17\ 23$	$0.0^3 16\ 67$	$0.0^3 16\ 12$	$0.0^3 15\ 60$	$0.0^3 15\ 08$	$0.0^3 14\ 59$	$0.0^3 14\ 11$	$0.0^3 13\ 64$	$0.0^3 13\ 19$	$0.0^3 12\ 75$
3.4	$0.0^3 12\ 32$	$0.0^3 11\ 91$	$0.0^3 11\ 51$	$0.0^3 11\ 12$	$0.0^3 10\ 75$	$0.0^3 10\ 33$	$0.0^3 10\ 03$	$0.0^3 96\ 89$	$0.0^3 93\ 58$	$0.0^3 90\ 37$

(续)

x	0.00	0.01	0.02	0.03	0.04	0.05	0.06	0.07	0.08	0.09
3.5	$0.0^3 87\ 27$	$0.0^3 84\ 26$	$0.0^3 81\ 35$	$0.0^3 78\ 53$	$0.0^3 75\ 81$	$0.0^3 73\ 17$	$0.0^3 70\ 61$	$0.0^3 68\ 14$	$0.0^3 65\ 75$	$0.0^3 63\ 43$
3.6	$0.0^3 61\ 19$	$0.0^3 59\ 02$	$0.0^3 56\ 93$	$0.0^3 54\ 90$	$0.0^3 52\ 94$	$0.0^3 51\ 05$	$0.0^3 49\ 21$	$0.0^3 47\ 44$	$0.0^3 45\ 73$	$0.0^3 44\ 08$
3.7	$0.0^3 42\ 48$	$0.0^3 40\ 93$	$0.0^3 39\ 44$	$0.0^3 38\ 00$	$0.0^3 36\ 61$	$0.0^3 35\ 26$	$0.0^3 33\ 96$	$0.0^3 32\ 71$	$0.0^3 31\ 49$	$0.0^3 30\ 32$
3.8	$0.0^3 29\ 19$	$0.0^3 28\ 10$	$0.0^3 27\ 05$	$0.0^3 26\ 04$	$0.0^3 25\ 06$	$0.0^3 24\ 11$	$0.0^3 23\ 20$	$0.0^3 22\ 32$	$0.0^3 21\ 47$	$0.0^3 20\ 65$
3.9	$0.0^3 19\ 87$	$0.0^3 19\ 10$	$0.0^3 18\ 37$	$0.0^3 17\ 66$	$0.0^3 16\ 93$	$0.0^3 16\ 33$	$0.0^3 15\ 69$	$0.0^3 15\ 08$	$0.0^3 14\ 49$	$0.0^3 13\ 93$
4.0	$0.0^3 13\ 33$	$0.0^3 12\ 86$	$0.0^3 12\ 35$	$0.0^3 11\ 86$	$0.0^3 11\ 40$	$0.0^3 10\ 94$	$0.0^3 10\ 51$	$0.0^3 10\ 09$	$0.0^4 96\ 87$	$0.0^4 92\ 99$
4.1	$0.0^4 89\ 26$	$0.0^4 85\ 67$	$0.0^4 82\ 22$	$0.0^4 78\ 90$	$0.0^4 75\ 70$	$0.0^4 72\ 63$	$0.0^4 69\ 67$	$0.0^4 66\ 83$	$0.0^4 64\ 10$	$0.0^4 61\ 47$
4.2	$0.0^4 58\ 94$	$0.0^4 56\ 52$	$0.0^4 54\ 18$	$0.0^4 51\ 94$	$0.0^4 49\ 79$	$0.0^4 47\ 72$	$0.0^4 45\ 73$	$0.0^4 43\ 82$	$0.0^4 41\ 99$	$0.0^4 40\ 23$
4.3	$0.0^4 38\ 54$	$0.0^4 36\ 91$	$0.0^4 35\ 35$	$0.0^4 33\ 86$	$0.0^4 32\ 42$	$0.0^4 31\ 04$	$0.0^4 29\ 72$	$0.0^4 28\ 45$	$0.0^4 27\ 23$	$0.0^4 26\ 06$
4.4	$0.0^4 24\ 94$	$0.0^4 23\ 87$	$0.0^4 22\ 84$	$0.0^4 21\ 85$	$0.0^4 20\ 90$	$0.0^4 19\ 99$	$0.0^4 19\ 12$	$0.0^4 18\ 29$	$0.0^4 17\ 49$	$0.0^4 16\ 72$
4.5	$0.0^4 15\ 93$	$0.0^4 15\ 28$	$0.0^4 14\ 61$	$0.0^4 13\ 96$	$0.0^4 13\ 34$	$0.0^4 12\ 75$	$0.0^4 12\ 18$	$0.0^4 11\ 64$	$0.0^4 11\ 12$	$0.0^4 10\ 62$
4.6	$0.0^4 10\ 14$	$0.0^5 96\ 84$	$0.0^5 92\ 48$	$0.0^5 88\ 30$	$0.0^5 84\ 30$	$0.0^5 80\ 47$	$0.0^3 76\ 81$	$0.0^5 73\ 31$	$0.0^5 69\ 96$	$0.0^5 66\ 76$
4.7	$0.0^5 63\ 70$	$0.0^5 60\ 77$	$0.0^5 57\ 97$	$0.0^5 55\ 30$	$0.0^5 52\ 74$	$0.0^5 50\ 30$	$0.0^5 47\ 96$	$0.0^5 45\ 73$	$0.0^5 43\ 60$	$0.0^5 41\ 56$
4.8	$0.0^5 39\ 61$	$0.0^5 37\ 75$	$0.0^5 35\ 93$	$0.0^5 34\ 28$	$0.0^5 32\ 67$	$0.0^5 31\ 12$	$0.0^3 29\ 65$	$0.0^5 28\ 24$	$0.0^3 26\ 90$	$0.0^5 25\ 61$
4.9	$0.0^5 24\ 39$	$0.0^5 23\ 22$	$0.0^5 22\ 11$	$0.0^3 21\ 05$	$0.0^5 20\ 03$	$0.0^5 19\ 07$	$0.0^3 18\ 14$	$0.0^5 17\ 27$	$0.0^5 16\ 43$	$0.0^5 15\ 63$

附表 3 标准正态分布函数值表

$$\Phi(x) = \frac{1}{\sqrt{2\pi}} \int_{-\infty}^{x} e^{-\frac{t^2}{2}} dt$$

x	0.00	0.01	0.02	0.03	0.04	0.05	0.06	0.07	0.08	0.09
0.0	0.500 0	0.504 0	0.508 0	0.512 0	0.516 0	0.519 9	0.523 9	0.527 9	0.531 9	0.535 9
0.1	0.539 8	0.543 8	0.547 8	0.551 7	0.555 7	0.559 6	0.563 6	0.567 5	0.571 4	0.575 3
0.2	0.579 3	0.583 2	0.587 1	0.591 0	0.594 8	0.598 7	0.602 6	0.606 4	0.610 3	0.614 1
0.3	0.617 9	0.621 7	0.625 5	0.629 3	0.633 1	0.636 8	0.640 4	0.644 3	0.648 0	0.651 7
0.4	0.655 4	0.659 1	0.662 8	0.666 4	0.670 0	0.673 6	0.677 2	0.680 8	0.684 4	0.687 9
0.5	0.691 5	0.695 0	0.698 5	0.701 9	0.705 4	0.708 8	0.712 3	0.715 7	0.719 0	0.722 4
0.6	0.725 7	0.729 1	0.732 4	0.735 7	0.738 9	0.742 2	0.745 4	0.748 6	0.751 7	0.754 9
0.7	0.758 0	0.761 1	0.764 2	0.767 3	0.770 3	0.773 4	0.776 4	0.779 4	0.782 3	0.785 2
0.8	0.788 1	0.791 0	0.793 9	0.796 7	0.799 5	0.802 3	0.805 1	0.807 8	0.810 6	0.813 3
0.9	0.815 9	0.818 6	0.821 2	0.823 8	0.826 4	0.828 9	0.831 5	0.834 0	0.836 5	0.838 9
1.0	0.841 3	0.843 8	0.846 1	0.848 5	0.850 8	0.853 1	0.855 4	0.857 7	0.859 9	0.862 1
1.1	0.864 3	0.866 5	0.868 6	0.870 8	0.872 9	0.874 9	0.877 0	0.879 0	0.881 0	0.883 0
1.2	0.884 9	0.886 9	0.888 8	0.890 7	0.892 5	0.894 4	0.896 2	0.898 0	0.899 7	0.901 47
1.3	0.903 20	0.904 90	0.906 58	0.908 24	0.909 88	0.911 49	0.913 09	0.914 66	0.916 21	0.917 74
1.4	0.919 24	0.920 73	0.922 20	0.923 64	0.925 07	0.926 47	0.927 85	0.929 22	0.930 56	0.931 89
1.5	0.933 19	0.934 48	0.935 74	0.936 99	0.938 22	0.939 43	0.940 62	0.941 79	0.942 95	0.944 08
1.6	0.945 20	0.946 30	0.947 38	0.948 45	0.949 50	0.950 53	0.951 54	0.952 54	0.953 52	0.954 49
1.7	0.955 43	0.956 37	0.957 28	0.958 18	0.959 07	0.959 94	0.960 80	0.961 64	0.962 46	0.963 27
1.8	0.964 07	0.964 85	0.965 62	0.966 38	0.967 21	0.967 84	0.968 56	0.969 26	0.969 95	0.970 62
1.9	0.971 28	0.971 93	0.972 57	0.973 20	0.973 81	0.974 41	0.975 00	0.975 58	0.976 15	0.976 70

(续)

x	0.00	0.01	0.02	0.03	0.04	0.05	0.06	0.07	0.08	0.09
2.0	0.977 25	0.977 78	0.978 31	0.978 82	0.979 32	0.979 82	0.980 30	0.980 77	0.981 24	0.981 69
2.1	0.982 14	0.982 57	0.983 00	0.983 41	0.983 82	0.984 22	0.984 61	0.985 00	0.985 37	0.985 74
2.2	0.986 10	0.986 45	0.986 79	0.987 13	0.987 45	0.987 78	0.988 09	0.988 40	0.988 70	0.988 99
2.2	0.989 28	0.989 56	0.989 83	$0.9^2$00 97	$0.9^2$03 58	$0.9^2$06 13	$0.9^2$08 63	$0.9^2$11 06	$0.9^2$13 44	$0.9^2$15 76
2.4	$0.9^2$18 02	$0.9^2$20 24	$0.9^2$22 40	$0.9^2$24 51	$0.9^2$26 56	$0.9^2$28 57	$0.9^2$30 53	$0.9^2$32 44	$0.9^2$34 31	$0.9^2$36 13
2.5	$0.9^2$37 90	$0.9^2$39 63	$0.9^2$41 32	$0.9^2$42 97	$0.9^2$44 57	$0.9^2$46 14	$0.9^2$47 66	$0.9^2$49 15	$0.9^2$50 60	$0.9^2$52 01
2.6	$0.9^2$53 39	$0.9^2$54 73	$0.9^2$56 04	$0.9^2$57 31	$0.9^2$58 55	$0.9^2$59 75	$0.9^2$60 93	$0.9^2$62 07	$0.9^2$63 19	$0.9^2$64 27
2.7	$0.9^2$65 33	$0.9^2$66 36	$0.9^2$67 36	$0.9^2$68 33	$0.9^2$69 28	$0.9^2$70 20	$0.9^2$71 10	$0.9^2$71 97	$0.9^2$72 82	$0.9^2$73 65
2.8	$0.9^2$74 45	$0.9^2$75 23	$0.9^2$75 99	$0.9^2$76 73	$0.9^2$77 44	$0.9^2$78 14	$0.9^2$78 82	$0.9^2$79 48	$0.9^2$80 12	$0.9^2$80 74
2.9	$0.9^2$81 34	$0.9^2$81 93	$0.9^2$82 50	$0.9^2$83 05	$0.9^2$83 59	$0.9^2$84 11	$0.9^2$84 62	$0.9^2$85 11	$0.9^2$85 59	$0.9^2$86 05
3.0	$0.9^2$86 50	$0.9^2$86 94	$0.9^2$87 36	$0.9^2$87 77	$0.9^2$88 17	$0.9^2$88 56	$0.9^2$88 93	$0.9^2$89 30	$0.9^2$89 65	$0.9^2$89 99
3.1	$0.9^3$03 24	$0.9^3$06 46	$0.9^3$09 57	$0.9^3$12 60	$0.9^3$15 53	$0.9^3$18 36	$0.9^3$21 12	$0.9^3$23 78	$0.9^3$26 36	$0.9^3$28 86
3.2	$0.9^3$31 29	$0.9^3$33 63	$0.9^3$35 90	$0.9^3$38 10	$0.9^3$40 24	$0.9^3$42 30	$0.9^3$44 29	$0.9^3$46 23	$0.9^3$48 10	$0.9^3$49 11
3.3	$0.9^3$51 66	$0.9^3$53 35	$0.9^3$54 99	$0.9^3$56 58	$0.9^3$58 11	$0.9^3$59 59	$0.9^3$61 03	$0.9^3$62 42	$0.9^3$63 76	$0.9^3$65 05
3.4	$0.9^3$66 33	$0.9^3$67 52	$0.9^3$68 69	$0.9^3$69 82	$0.9^3$70 91	$0.9^3$71 97	$0.9^3$72 99	$0.9^3$73 98	$0.9^3$74 93	$0.9^3$75 85
3.5	$0.9^3$76 74	$0.9^3$77 59	$0.9^3$78 42	$0.9^3$79 22	$0.9^3$79 99	$0.9^3$80 74	$0.9^3$81 46	$0.9^3$82 15	$0.9^3$82 82	$0.9^3$83 47
3.6	$0.9^3$84 09	$0.9^3$84 69	$0.9^3$85 27	$0.9^3$85 83	$0.9^3$86 37	$0.9^3$86 89	$0.9^3$87 39	$0.9^3$87 87	$0.9^3$88 34	$0.9^3$88 79
3.7	$0.9^3$89 22	$0.9^3$89 64	$0.9^4$00 39	$0.9^4$04 26	$0.9^4$07 99	$0.9^4$11 58	$0.9^4$15 04	$0.9^4$18 38	$0.9^4$21 59	$0.9^4$24 68
3.8	$0.9^4$27 65	$0.9^4$30 52	$0.9^4$33 27	$0.9^4$35 93	$0.9^4$38 48	$0.9^4$40 94	$0.9^4$43 31	$0.9^4$45 58	$0.9^4$47 77	$0.9^4$49 88
3.9	$0.9^4$51 90	$0.9^4$53 85	$0.9^4$55 73	$0.9^4$57 53	$0.9^4$59 26	$0.9^4$60 92	$0.9^4$62 53	$0.9^4$64 06	$0.9^4$65 54	$0.9^4$66 96
4.0	$0.9^4$68 33	$0.9^4$69 64	$0.9^4$70 90	$0.9^4$72 11	$0.9^4$73 27	$0.9^4$74 39	$0.9^4$75 46	$0.9^4$76 49	$0.9^4$77 48	$0.9^4$78 43
4.1	$0.9^4$79 34	$0.9^4$80 22	$0.9^4$81 06	$0.9^4$81 86	$0.9^4$82 63	$0.9^4$83 38	$0.9^4$84 09	$0.9^4$84 77	$0.9^4$85 42	$0.9^4$86 05
4.2	$0.9^4$86 65	$0.9^4$87 23	$0.9^4$87 78	$0.9^4$88 32	$0.9^4$88 82	$0.9^4$89 31	$0.9^4$89 78	$0.9^4$02 26	$0.9^4$06 55	$0.9^3$10 66
4.3	$0.9^5$14 60	$0.9^5$18 37	$0.9^5$21 99	$0.9^5$25 45	$0.9^5$28 76	$0.9^5$31 93	$0.9^5$34 97	$0.9^5$37 88	$0.9^3$40 66	$0.9^5$43 32
4.4	$0.9^5$45 87	$0.9^5$48 31	$0.9^5$50 65	$0.9^5$52 88	$0.9^5$55 02	$0.9^5$57 06	$0.9^5$59 02	$0.9^5$60 89	$0.9^5$62 68	$0.9^5$64 39
4.5	$0.9^5$66 02	$0.9^5$67 59	$0.9^5$69 08	$0.9^5$70 51	$0.9^3$71 87	$0.9^5$73 18	$0.9^5$74 42	$0.9^5$75 61	$0.9^5$76 75	$0.9^5$77 84
4.6	$0.9^5$78 88	$0.9^5$79 87	$0.9^5$80 81	$0.9^5$81 72	$0.9^5$82 58	$0.9^5$83 40	$0.9^5$84 19	$0.9^5$84 94	$0.9^5$85 66	$0.9^5$86 34
4.7	$0.9^5$86 99	$0.9^5$87 61	$0.9^5$88 21	$0.9^5$88 77	$0.9^5$89 31	$0.9^5$89 83	$0.9^6$03 20	$0.9^6$07 89	$0.9^6$12 35	$0.9^6$16 61
4.8	$0.9^6$20 67	$0.9^6$24 53	$0.9^6$28 22	$0.9^6$31 73	$0.9^6$35 08	$0.9^6$38 27	$0.9^6$4131	$0.9^6$44 20	$0.9^6$46 96	$0.9^6$49 58
4.9	$0.9^6$52 08	$0.9^6$54 46	$0.9^6$56 73	$0.9^6$58 89	$0.9^6$60 94	$0.9^6$62 89	$0.9^6$64 75	$0.9^6$66 52	$0.9^6$68 21	$0.9^6$69 81

附表 4 F 分布上分位数表

$$P(F(n_1, n_2) > F_\alpha(n_1, n_2)) = \alpha \quad (\alpha = 0.05)$$

n_2 \ n_1	1	2	3	4	5	6	7	8	9
1	161.4	199.5	215.7	224.6	230.2	234.0	236.8	238.9	240.5
2	18.51	19.0	19.16	19.25	19.30	19.33	19.35	19.37	19.38
3	10.13	9.55	9.28	9.12	9.01	8.94	8.89	8.85	8.81
4	7.71	6.94	6.59	6.39	6.26	6.16	6.09	6.04	6.00
5	6.61	5.79	5.41	5.19	5.05	4.95	4.88	4.82	4.77
6	5.99	5.14	4.76	4.53	4.39	4.28	4.21	4.15	4.10
7	5.59	4.74	4.35	4.12	3.97	3.87	3.79	3.73	3.68
8	5.32	4.46	4.07	3.84	3.69	3.58	3.50	3.44	3.39
9	5.12	4.26	3.86	3.63	3.48	3.37	3.29	3.23	3.18
10	4.96	4.10	3.71	3.48	3.33	3.22	3.14	3.07	3.02
11	4.84	3.98	3.59	3.36	3.20	3.07	3.01	2.95	2.90
12	4.75	3.89	3.49	3.26	3.11	3.00	2.91	2.85	2.80
13	4.67	3.81	3.41	3.18	3.03	2.92	2.85	2.77	2.71
14	4.60	3.74	3.34	3.11	2.96	2.85	2.76	2.70	2.65
15	4.54	3.68	3.29	3.06	2.90	2.79	2.71	2.64	2.59
16	4.49	3.63	3.24	3.01	2.85	2.74	2.66	2.59	2.54
17	4.45	3.59	3.20	2.96	2.81	2.70	2.61	2.85	2.49
18	4.41	3.55	3.16	2.93	2.77	2.66	2.58	2.77	2.46
19	4.38	3.52	3.13	2.90	2.74	2.63	2.54	2.70	2.42
20	4.35	3.49	3.10	2.87	2.71	2.60	2.51	2.45	2.39
21	4.32	3.47	3.07	2.84	2.68	2.57	2.49	2.42	2.37
22	4.30	3.44	3.05	2.82	2.66	2.55	2.46	2.40	2.34
23	4.28	3.42	3.03	2.80	2.64	2.53	2.44	2.37	2.32
24	4.26	3.40	3.01	2.78	2.62	2.51	2.42	2.36	2.30
25	4.24	3.39	2.99	2.76	2.60	2.49	2.40	2.34	2.28
26	4.23	3.37	2.98	2.74	2.59	2.47	2.39	2.32	2.27
27	4.21	3.35	2.96	2.73	2.57	2.46	2.27	2.31	2.25
28	4.20	3.34	2.95	2.71	2.56	2.45	2.36	2.29	2.24
29	4.18	3.33	2.93	2.70	2.55	2.43	2.35	2.28	2.22
30	4.17	3.32	2.92	2.69	2.53	2.42	2.33	2.27	2.21
40	4.08	3.23	2.84	2.61	2.45	2.34	2.25	2.18	2.12
60	4.00	3.15	2.76	2.53	2.37	2.25	2.17	2.10	2.04
120	3.92	3.07	2.68	2.45	2.29	2.17	2.09	2.02	1.96
∞	3.84	3.00	2.60	2.37	2.21	2.10	2.01	1.94	1.88

$$P(F(n_1,n_2) > F_\alpha(n_1,n_2)) = \alpha \quad (\alpha = 0.05)$$

(续)

n_2 \ n_1	10	12	15	20	24	30	40	60	120	∞
1	241.9	243.9	245.9	248.0	249.1	250.1	251.1	252.2	253.3	254.3
2	19.40	19.41	19.43	19.45	19.40	19.46	19.47	19.48	19.49	19.30
3	8.79	8.74	8.70	8.66	8.79	8.62	8.59	8.57	8.55	8.53
4	5.96	5.91	5.86	5.80	5.96	5.75	5.72	5.69	5.66	5.63
5	4.74	4.68	4.62	4.56	4.53	4.50	4.46	4.43	4.40	4.36
6	3.06	4.00	3.94	3.87	3.84	3.81	3.77	3.74	3.70	3.67
7	3.64	3.57	3.51	3.44	3.41	3.38	3.34	3.30	3.27	3.23
8	3.35	3.28	3.22	3.15	3.12	3.08	3.04	3.01	2.97	2.93
9	3.14	3.07	3.01	2.94	2.90	2.86	2.83	2.79	2.75	2.71
10	2.98	2.91	2.85	2.77	2.74	2.70	2.66	2.62	2.58	2.54
11	2.85	2.79	2.72	2.65	2.61	2.57	2.53	2.49	2.45	2.40
12	2.75	2.69	2.62	2.54	2.51	2.47	2.43	2.38	2.34	2.30
13	2.67	2.60	2.53	2.46	2.42	2.38	2.34	2.30	2.25	2.21
14	2.60	2.53	2.46	2.39	2.35	2.31	2.27	2.22	2.18	2.13
15	2.54	2.48	2.40	2.33	2.29	2.25	2.20	2.16	2.11	2.07
16	2.49	2.42	2.35	2.28	2.24	2.19	2.15	2.11	2.06	2.01
17	2.45	2.38	2.31	2.23	2.19	2.15	2.10	2.06	2.01	1.96
18	2.41	2.34	2.27	2.19	2.15	2.11	2.06	2.02	1.97	1.92
19	2.38	2.31	2.23	2.16	2.11	2.07	2.03	1.98	1.93	1.88
20	2.35	2.28	2.20	2.12	2.08	2.04	1.99	1.95	1.90	1.84
21	2.32	2.25	2.18	2.10	2.05	2.01	1.96	1.92	1.87	1.81
22	2.30	2.23	2.15	2.07	2.03	1.98	1.94	1.89	1.84	1.78
23	2.27	2.20	2.13	2.05	2.01	1.96	1.91	1.86	1.81	1.76
24	2.25	2.18	2.11	2.03	1.98	1.94	1.89	1.84	1.79	1.73
25	2.24	2.16	2.09	2.01	1.96	1.92	1.87	1.82	1.77	1.71
26	2.22	2.15	2.07	1.99	1.95	1.90	1.85	1.80	1.75	1.69
27	2.20	2.13	2.06	1.97	1.93	1.88	1.84	1.79	1.73	1.67
28	2.19	2.12	2.04	1.96	1.91	1.87	1.82	1.77	1.71	1.65
29	2.18	2.10	2.03	1.94	1.90	1.85	1.81	1.75	1.70	1.64
30	2.16	2.09	2.01	1.93	1.89	1.84	1.79	1.74	1.68	1.62
40	2.08	2.00	1.92	1.84	1.79	1.74	1.69	1.64	1.58	1.51
60	1.99	1.92	1.84	1.75	1.70	1.65	1.59	1.53	1.47	1.39
120	1.91	1.83	1.75	1.66	1.61	1.55	1.50	1.43	1.35	1.25
∞	1.83	1.75	1.67	1.57	1.52	1.46	1.39	1.32	1.22	1.00

$$P(F(n_1,n_2) > F_\alpha(n_1,n_2)) = \alpha \quad (\alpha = 0.025)$$

（续）

n_1 n_2	1	2	3	4	5	6	7	8	9	10
1	647.8	799.5	864.2	899.6	921.8	937.1	948.2	956.7	963.3	968.6
2	38.51	39.00	39.17	39.25	39.30	39.33	39.36	39.37	39.39	39.40
3	17.44	16.04	15.44	15.10	14.88	14.73	14.62	14.54	14.47	14.42
4	12.22	10.65	9.98	9.60	9.36	9.20	9.07	8.98	8.98	8.84
5	10.01	8.43	7.76	7.39	7.15	6.98	6.85	6.76	6.68	6.62
6	8.81	7.26	6.60	6.23	5.99	5.82	5.70	5.60	5.52	5.46
7	8.07	6.54	5.89	5.52	5.29	5.12	4.99	4.90	4.82	4.76
8	7.57	6.06	5.42	5.05	4.82	4.65	4.53	4.43	4.36	4.30
9	7.21	5.71	5.08	4.72	4.48	4.32	4.20	4.10	4.03	3.96
10	6.94	5.46	4.83	4.47	4.24	4.07	3.95	3.85	3.78	3.72
11	6.72	5.26	4.63	4.28	4.04	3.88	3.76	3.66	3.59	3.53
12	6.55	5.10	4.47	4.12	3.89	3.73	3.61	3.51	3.44	3.37
13	6.41	4.97	4.35	4.00	3.77	3.60	3.48	3.39	3.31	3.25
14	6.30	4.86	4.24	3.89	3.66	3.50	3.38	3.29	3.21	3.15
15	6.20	4.77	4.15	3.80	3.58	3.41	3.29	3.20	3.12	3.06
16	6.12	4.69	4.08	3.73	3.50	3.34	3.22	3.12	3.05	2.99
17	6.04	4.62	4.01	3.66	3.44	3.28	3.16	3.06	2.98	2.92
18	5.98	4.56	3.95	3.61	3.38	3.22	3.10	3.01	2.93	2.87
19	5.92	4.51	3.90	3.56	3.33	3.17	3.05	2.96	2.88	2.82
20	5.87	4.46	3.86	3.51	3.29	3.13	3.01	2.91	2.84	2.77
21	5.83	4.42	3.82	3.48	3.25	3.09	2.97	2.87	2.80	2.73
22	5.79	4.38	3.78	3.44	3.22	3.05	2.93	2.84	2.76	2.70
23	5.75	4.35	3.75	3.41	3.18	3.02	2.90	2.81	2.73	2.67
24	5.72	4.32	3.72	3.38	3.15	2.99	2.87	2.78	2.70	2.64
25	5.69	4.29	3.69	3.35	3.13	2.97	2.85	2.75	2.68	2.61
26	5.66	4.27	3.67	3.33	3.10	2.94	2.82	2.73	2.65	2.59
27	5.63	4.24	3.65	3.31	3.08	2.92	2.80	2.71	2.63	2.57
28	5.61	4.22	3.63	3.29	3.06	2.90	2.78	2.69	2.61	2.55
29	5.59	4.20	3.61	3.27	3.04	2.88	2.76	2.67	2.59	2.53
30	5.57	4.18	3.56	3.25	3.03	2.87	2.75	2.65	2.57	2.51
40	5.42	4.05	3.46	3.13	2.90	2.74	2.62	2.53	2.45	2.39
60	5.29	3.93	3.34	3.01	2.79	2.63	2.51	2.41	2.33	2.27
120	5.15	3.80	3.23	2.89	2.67	2.52	2.39	2.30	2.22	2.16
∞	5.02	3.69	3.12	2.79	2.57	2.41	2.29	2.19	2.11	2.05

$$P(F(n_1,n_2) > F_\alpha(n_1,n_2)) = \alpha \quad (\alpha = 0.025)$$

（续）

n_1 \ n_2	12	15	20	24	30	40	60	120	∞
1	976.7	984.9	993.1	997.2	1001	1006	1010	1014	1018
2	39.41	39.43	39.45	39.46	39.46	39.47	39.48	39.49	39.50
3	14.34	14.25	14.17	14.12	14.08	14.04	13.99	13.95	13.90
4	8.75	8.66	8.56	8.51	8.46	8.41	8.36	8.31	8.26
5	6.52	6.43	6.33	6.28	6.23	6.18	6.12	6.07	6.02
6	5.37	5.27	5.17	5.12	5.07	5.01	4.96	4.90	4.85
7	4.67	4.57	4.47	4.42	4.36	4.31	4.25	4.20	4.14
8	4.20	4.10	4.00	3.95	3.89	3.84	3.78	3.73	3.67
9	3.87	3.77	3.67	3.61	3.56	3.51	3.45	3.39	3.33
10	3.62	3.52	3.42	3.37	3.31	3.26	3.20	3.14	3.08
11	3.43	3.33	3.23	3.17	3.12	3.06	3.00	2.94	2.88
12	3.28	3.18	3.07	3.02	2.96	2.91	2.85	2.79	2.72
13	3.15	3.05	2.95	2.89	2.84	2.78	2.72	2.66	2.60
14	3.05	2.95	2.84	2.79	2.73	2.67	2.61	2.55	2.49
15	2.96	2.86	2.76	2.70	2.64	2.59	2.52	2.46	2.40
16	2.89	2.79	2.68	2.63	2.57	2.51	2.45	2.38	2.32
17	2.82	2.72	2.62	2.56	2.50	2.44	2.38	2.32	2.25
18	2.77	2.67	2.56	2.50	2.44	2.38	2.32	2.26	2.19
19	2.72	2.62	2.51	2.45	2.39	2.33	2.27	2.20	2.13
20	2.68	2.57	2.46	2.41	2.35	2.29	2.22	2.16	2.09
21	2.64	2.53	2.42	2.37	2.31	2.25	2.18	2.11	2.04
22	2.60	2.50	2.39	2.33	2.27	2.21	2.14	2.08	2.00
23	2.57	2.47	2.36	2.30	2.24	2.18	2.11	2.04	1.97
24	2.54	2.44	2.33	2.27	2.21	2.15	2.08	2.01	1.94
25	2.51	2.41	2.30	2.24	2.18	2.12	2.05	1.98	1.91
26	2.49	2.39	2.28	2.22	2.16	2.09	2.03	1.95	1.88
27	2.47	2.36	2.25	2.19	2.13	2.07	2.00	1.93	1.85
28	2.45	2.34	2.23	2.17	2.11	2.05	1.98	1.91	1.83
29	2.43	2.32	2.21	2.15	2.09	2.03	1.96	1.89	1.81
30	2.41	2.31	2.20	2.14	2.07	2.01	1.94	1.87	1.79
40	2.29	2.18	2.07	2.01	1.94	1.88	1.80	1.72	1.64
60	2.17	2.06	1.94	1.88	1.82	1.74	1.67	1.58	1.48
120	2.05	1.94	1.82	1.76	1.69	1.61	1.53	1.43	1.31
∞	1.94	1.83	1.71	1.64	1.57	1.48	1.39	1.27	1.00

$$P(F(n_1,n_2) > F_\alpha(n_1,n_2)) = \alpha \quad (\alpha = 0.01)$$

（续）

n_2 \ n_1	1	2	3	4	5	6	7	8	9	10
1	4052	4999.5	5403	5625	5764	5859	5928	5982	6022	6056
2	98.50	99.00	99.17	99.25	99.30	99.33	99.36	99.37	99.39	99.40
3	34.12	30.82	29.46	28.71	28.24	27.91	27.67	27.49	27.35	27.23
4	21.20	18.00	16.69	15.98	15.52	15.21	14.98	14.80	14.66	14.55
5	16.26	13.27	12.06	11.39	10.97	10.67	10.46	10.29	10.16	10.05
6	13.75	10.92	9.78	9.15	8.75	8.47	8.26	8.10	7.98	7.87
7	12.25	9.55	8.45	7.85	7.46	7.19	6.99	6.84	6.72	6.62
8	11.26	8.65	7.59	7.01	6.63	6.37	6.18	6.03	5.91	5.81
9	10.56	8.02	6.99	6.42	6.06	5.80	5.61	5.47	5.35	5.26
10	10.04	7.56	6.55	5.99	5.64	5.39	5.20	5.06	4.94	4.85
11	9.65	7.21	6.22	5.67	5.32	5.07	4.89	4.74	4.63	4.54
12	9.33	6.93	5.95	5.41	5.06	4.82	4.64	4.50	4.39	4.30
13	9.07	6.70	5.74	5.21	4.86	4.62	4.44	4.30	4.19	4.10
14	8.86	6.51	5.56	5.04	4.69	4.46	4.28	4.14	4.03	3.94
15	8.68	6.36	5.42	4.89	4.56	4.32	4.14	4.00	3.89	3.80
16	8.53	6.23	5.29	4.77	4.44	4.20	4.03	3.89	3.78	3.69
17	8.40	6.11	5.18	4.67	4.34	4.10	3.93	3.79	3.68	3.59
18	8.29	6.01	5.09	4.58	4.25	4.01	3.84	3.71	3.60	3.51
19	8.18	5.93	5.01	4.50	4.17	3.94	3.77	3.63	3.52	3.43
20	8.10	5.85	4.94	4.43	4.10	3.87	3.70	3.56	3.46	3.37
21	8.02	5.78	4.87	4.37	4.04	3.81	3.64	3.51	3.40	3.31
22	7.95	5.72	4.82	4.31	3.99	3.76	3.59	3.45	3.35	3.26
23	7.88	5.66	4.76	4.26	3.94	3.71	3.54	3.41	3.30	3.21
24	7.82	5.61	4.72	4.22	3.90	3.67	3.50	3.36	3.26	3.17
25	7.77	5.57	4.68	4.18	3.85	3.63	3.46	3.32	3.22	3.13
26	7.72	5.53	4.64	4.14	3.82	3.59	3.42	3.29	3.18	3.09
27	7.68	5.49	4.60	4.11	3.78	3.56	3.39	3.26	3.15	3.06
28	7.64	5.45	4.57	4.07	3.75	3.53	3.36	3.23	3.12	3.03
29	7.60	5.42	4.54	4.04	3.73	3.50	3.33	3.20	3.09	3.00
30	7.56	5.39	4.51	4.02	3.70	3.47	3.30	3.17	3.07	2.98
40	7.31	5.18	4.31	3.83	3.51	3.29	3.12	2.99	2.89	2.80
60	7.08	4.98	4.13	3.65	3.34	3.12	2.95	2.82	2.72	2.63
120	6.85	4.79	3.95	3.48	3.17	2.96	2.79	2.66	2.56	2.47
∞	6.63	4.61	3.78	3.32	3.02	2.80	2.64	2.51	2.41	2.32

$$P(F(n_1,n_2) > F_\alpha(n_1,n_2)) = \alpha \quad (\alpha = 0.01)$$

(续)

n_1 \ n_2	12	15	20	24	30	40	60	120	∞
1	6106	6157	6209	6235	6261	6287	6313	6339	6366
2	99.42	99.43	99.45	99.46	99.47	99.47	99.48	99.49	99.50
3	27.05	26.87	26.69	26.60	26.50	26.41	26.32	26.22	26.13
4	14.37	14.20	14.02	13.93	13.84	13.75	13.65	13.56	13.46
5	9.89	9.72	9.55	9.47	9.38	9.29	9.20	9.11	9.02
6	7.72	7.56	7.40	7.31	7.23	7.14	7.06	6.97	6.88
7	6.47	6.31	6.16	6.07	5.99	5.91	5.82	5.74	5.65
8	5.67	5.52	5.36	5.28	5.20	5.12	5.03	4.95	4.86
9	5.11	4.96	4.81	4.73	4.65	4.57	4.48	4.40	4.31
10	4.71	4.56	4.41	4.33	4.25	4.17	4.08	4.00	3.91
11	4.40	4.25	4.10	4.02	3.94	3.86	3.78	3.69	3.60
12	4.16	4.01	3.86	3.78	3.70	3.62	3.54	3.45	3.36
13	3.96	3.82	3.66	3.59	3.51	3.43	3.34	3.25	3.17
14	3.80	3.66	3.51	3.43	3.35	3.27	3.18	3.09	3.00
15	3.67	3.52	3.37	3.29	3.21	3.13	3.05	2.96	2.87
16	3.55	3.41	3.26	3.18	3.10	3.02	2.93	2.84	2.75
17	3.46	3.31	3.16	3.08	3.00	2.92	2.83	2.75	2.65
18	3.37	3.23	3.08	3.00	2.92	2.84	2.75	2.66	2.57
19	3.30	3.15	3.00	2.92	2.84	2.76	2.67	2.58	2.49
20	3.23	3.09	2.94	2.86	2.78	2.69	2.61	2.52	2.42
21	3.17	3.03	2.88	2.80	2.72	2.64	2.55	2.46	2.36
22	3.12	2.98	2.83	2.75	2.67	2.58	2.50	2.40	2.31
23	3.07	2.93	2.78	2.70	2.62	2.54	2.45	2.35	2.26
24	3.03	2.89	2.74	2.66	2.58	2.49	2.40	2.31	2.21
25	2.99	2.85	2.70	2.62	2.54	2.45	2.36	2.27	2.17
26	2.96	2.81	2.66	2.58	2.50	2.42	2.33	2.23	2.13
27	2.93	2.78	2.63	2.55	2.47	2.38	2.29	2.20	2.10
28	2.90	2.75	2.60	2.52	2.44	2.35	2.26	2.17	2.06
29	2.87	2.73	2.57	2.49	2.41	2.33	2.23	2.14	2.03
30	2.84	2.70	2.55	2.47	2.39	2.30	2.21	2.11	2.01
40	2.66	2.52	2.37	2.29	2.20	2.11	2.02	1.92	1.80
60	2.50	2.35	2.20	2.12	2.03	1.94	1.85	1.73	1.60
120	2.34	2.19	2.03	1.95	1.86	1.76	1.66	1.53	1.38
∞	2.18	2.04	1.88	1.79	1.70	1.59	1.47	1.32	1.00

$$P(F(n_1,n_2) > F_\alpha(n_1,n_2)) = \alpha \quad (\alpha = 0.005)$$

（续）

n_2 \ n_1	1	2	3	4	5	6	7	8	9	10
1	16211	20000	21615	22300	23056	23437	23715	23925	24091	24224
2	198.5	199.0	199.2	199.2	199.3	199.3	199.4	199.4	199.4	199.4
3	55.55	49.80	47.47	46.19	45.39	44.84	44.43	44.13	43.88	43.69
4	31.33	26.28	24.26	23.15	22.46	21.97	21.62	21.35	21.14	20.97
5	22.78	18.31	18.31	15.56	14.94	14.51	14.20	13.96	13.77	13.62
6	18.63	14.54	14.54	12.03	11.46	11.07	10.79	10.57	10.39	10.25
7	16.24	12.40	12.40	10.05	9.52	9.16	8.89	8.68	8.51	8.38
8	14.69	11.04	11.04	8.81	8.30	7.59	7.69	7.50	7.34	7.21
9	13.61	10.11	10.11	7.96	7.47	7.13	6.88	6.69	6.54	6.42
10	12.83	9.43	8.08	7.34	6.87	6.54	6.30	6.12	5.97	5.85
11	12.23	8.91	7.60	6.88	6.42	6.10	5.86	5.68	5.54	5.42
12	11.75	8.51	7.23	6.52	6.07	5.76	5.52	5.35	5.20	5.09
13	11.37	8.19	6.93	6.23	5.79	5.48	5.25	5.08	4.94	4.82
14	11.06	7.92	6.68	6.00	5.56	5.26	5.03	4.86	4.72	4.60
15	10.80	7.70	6.48	5.80	5.37	5.07	4.85	4.67	4.54	4.42
16	10.58	7.51	6.30	5.64	5.21	4.91	4.69	4.52	4.38	4.27
17	10.38	7.35	6.16	5.50	5.07	4.78	4.56	4.39	4.25	4.14
18	10.22	7.21	6.03	5.37	4.96	4.66	4.44	4.28	4.14	4.03
19	10.07	7.09	5.92	5.27	4.85	4.56	4.34	4.18	4.04	3.93
20	9.94	6.99	5.82	5.17	4.76	4.47	4.26	4.09	3.96	3.85
21	9.83	6.89	5.73	5.09	4.68	4.39	4.18	4.01	3.88	3.77
22	9.73	6.81	5.65	5.02	4.61	4.32	4.11	3.94	3.81	3.70
23	9.63	6.73	5.58	4.95	4.54	4.26	4.05	3.88	3.75	3.64
24	9.55	6.66	5.52	4.89	4.49	4.20	3.99	3.83	3.69	3.59
25	9.48	6.60	5.46	4.84	4.43	4.15	3.94	3.78	3.64	3.54
26	9.41	6.54	5.41	4.79	4.38	4.10	3.89	3.73	3.60	3.49
27	9.34	6.49	5.36	4.74	4.34	4.06	3.85	3.69	3.56	3.45
28	9.28	6.44	5.32	4.70	4.30	4.02	3.81	3.65	3.52	3.41
29	9.23	6.40	5.28	4.66	4.26	3.98	3.77	3.61	3.48	3.38
30	9.18	6.35	5.24	4.62	4.23	3.95	3.74	3.58	3.45	3.34
40	8.83	6.07	4.98	4.37	3.99	3.71	3.51	3.35	3.22	3.12
60	8.49	5.79	4.73	4.14	3.76	3.49	3.29	3.13	3.01	2.90
120	8.18	5.54	4.50	3.92	3.55	3.28	3.09	2.93	2.81	2.71
∞	7.88	5.30	4.28	3.72	3.35	3.09	2.90	2.74	2.62	2.52

$$P(F(n_1,n_2) > F_\alpha(n_1,n_2)) = \alpha \quad (\alpha = 0.005)$$

（续）

n_1 \ n_2	12	15	20	24	30	40	60	120	∞
1	24426	24630	24836	24940	25044	25148	25253	25359	25465
2	199.4	199.4	199.4	199.5	199.5	199.5	199.5	199.5	199.5
3	43.39	43.08	42.78	42.62	42.47	42.31	42.15	41.99	41.88
4	20.70	20.44	20.17	20.03	19.89	19.75	19.61	19.47	19.32
5	13.38	13.15	12.90	12.78	12.66	12.53	12.40	12.27	12.14
6	10.03	9.81	9.59	9.47	9.36	9.24	9.12	9.00	8.88
7	8.18	7.97	7.75	7.65	7.53	7.42	7.31	7.19	7.08
8	7.01	6.81	6.61	6.50	6.40	6.29	6.18	6.06	5.95
9	6.23	6.03	5.83	5.73	5.62	5.52	5.41	5.30	5.19
10	5.66	5.47	5.27	5.17	5.07	4.97	4.86	4.75	4.64
11	5.24	5.05	4.86	4.76	4.65	4.55	4.44	4.34	4.23
12	4.91	4.72	4.53	4.43	4.33	4.23	4.12	4.01	3.90
13	4.64	4.46	4.27	4.17	4.07	3.97	3.78	3.76	3.65
14	4.43	4.25	4.06	3.96	3.86	3.76	3.66	3.55	3.44
15	4.25	4.07	3.88	3.79	3.69	3.48	3.48	3.37	3.26
16	4.10	3.92	3.73	3.64	3.54	3.44	3.33	3.22	3.11
17	3.97	3.79	3.61	3.51	3.41	3.31	3.21	3.10	2.98
18	3.86	3.68	3.50	3.40	3.30	3.20	3.10	2.99	2.87
19	3.76	3.59	3.40	3.31	3.21	3.11	3.00	2.89	2.78
20	3.68	3.50	3.32	3.22	3.12	3.02	2.92	2.81	2.69
21	3.60	3.43	3.24	3.15	3.05	2.95	2.84	2.73	2.61
22	3.54	3.36	3.18	3.08	2.98	2.88	2.77	2.66	2.55
23	3.47	3.30	3.12	3.02	2.92	2.82	2.71	2.60	2.48
24	3.42	3.25	3.06	2.97	2.87	2.77	2.66	2.55	2.43
25	3.37	3.20	3..01	2.92	2.82	2.72	2.61	2.50	2.38
26	3.33	3.15	2.97	2.87	2.77	2.67	2.56	2.45	2.33
27	3.28	3.11	2.93	2.83	2.73	2.63	2.52	2.41	2.29
28	3.25	3.07	2.89	2.79	2.69	2.59	2.48	2.37	2.25
29	3.21	3.04	2..86	2.76	2.66	2.56	2.45	2.33	2.21
30	3.18	3.01	2.82	2.73	2.63	2.52	2.42	2.30	2.18
40	2.95	2.78	2.60	2.50	2.40	2.30	2.18	2.06	1.93
60	2.74	2.57	2.39	2.29	2.19	2.08	1.96	1.83	1.69
120	2.54	2.37	2.19	2.09	1.98	1.87	1.75	1.61	1.43
∞	2.36	2.19	2.00	1.90	1.79	1.67	1.53	1.36	1.00

附表 5 t 分布上分位数表

$$P(t(n) > t_\alpha(n)) = \alpha$$

n \ α	0.10	0.05	0.025	0.01	0.005
1	3.078	6.314	12.706	31.821	63.657
2	1.886	2.920	4.303	6.965	9.925
3	1.638	2.352	3.182	4.541	5.841
4	1.533	2.132	2.776	3.747	4.604
5	1.476	2.015	2.571	3.365	4.032
6	1.440	1.943	2.447	3.143	3.707
7	1.415	1.895	2.365	2.998	3.499
8	1.397	1.860	2.306	2.896	3.355
9	1.383	1.833	2.262	2.821	3.250
10	1.372	1.812	2.228	2.764	3.169
11	1.363	1.796	2.201	2.718	3.106
12	1.356	1.782	2.179	2.681	3.055
13	1.350	1.771	2.160	2.650	3.012
14	1.345	1.761	2.145	2.624	2.977
15	1.341	1.753	2.131	2.602	2.947
16	1.337	1.746	2.120	2.583	2.921
17	1.333	1.740	2.110	2.567	2.898
18	1.330	1.734	2.101	2.552	2.878
19	1.328	1.729	2.093	2.539	2.861
20	1.325	1.725	2.086	2.528	2.845
21	1.323	1.721	2.080	2.518	2.831
22	1.321	1.717	2.074	2.508	2.819
23	1.319	1.714	2.069	2.500	2.807
24	1.318	1.711	2.064	2.492	2.797
25	1.316	1.708	2.060	2.485	2.787
26	1.315	1.706	2.056	2.479	2.779
27	1.314	1.703	2.052	2.473	2.771
28	1.313	1.701	2.048	2.467	2.763
29	1.311	1.699	2.045	2.462	2.756
30	1.310	1.697	2.042	2.457	2.750
40	1.303	1.684	2.021	2.423	2.704
60	1.296	1.671	2.000	2.390	2.660
120	1.289	1.658	1.980	2.358	2.617
∞	1.282	1.645	1.960	2.326	2.576

附表6 χ^2 分布上分位数表

$$P(\chi^2(n) > \chi^2_\alpha(n)) = \alpha$$

n \ α	0.995	0.99	0.98	0.975	0.95	0.90	0.10	0.05	0.025	0.02	0.01	0.005
1	0.0^4393	0.0^3157	0.0^3628	0.0^3982	0.0^2393	0.0158	2.71	3.84	5.02	5.41	6.63	7.88
2	0.0100	0.0201	0.0404	0.0506	0.103	0.211	4.61	5.99	7.38	7.82	9.21	10.6
3	0.0717	0.115	0.185	0.216	0.352	0.584	6.25	7.81	9.35	9.84	11.3	12.8
4	0.2070	0.297	0.429	0.484	0.711	1.06	7.78	9.49	11.1	11.7	12.3	14.9
5	0.4120	0.554	0.752	0.831	1.145	1.61	9.24	11.1	12.8	13.4	15.1	16.7
6	0.676	0.872	1.13	1.24	1.64	2.20	10.6	12.6	14.4	15.0	16.8	18.5
7	0.989	1.24	1.56	1.69	2.17	2.83	12.0	14.1	16.0	16.6	18.5	20.3
8	1.340	1.65	2.03	2.18	2.73	3.49	13.4	15.5	17.5	18.2	20.1	22.0
9	1.730	2.09	2.53	2.70	3.33	4.17	14.7	16.9	19.0	19.7	21.7	23.6
10	2.160	2.50	3.06	3.25	3.94	4.87	16.0	18.3	20.5	21.2	23.2	25.2
11	2.60	3.05	3.61	3.82	4.57	5.58	17.3	19.7	21.9	22.6	24.7	26.8
12	3.07	3.57	4.18	4.40	5.23	6.30	18.5	21.0	23.3	24.0	26.2	28.3
13	3.57	4.11	4.77	5.01	5.89	7.04	19.8	22.4	24.7	25.5	27.7	29.8
14	4.07	4.66	5.37	5.63	6.57	7.79	21.1	23.7	26.1	26.9	29.1	31.3
15	4.60	5.23	5.99	6.26	7.26	8.55	22.3	25.0	27.5	28.3	30.6	32.8
16	5.14	5.81	6.61	6.91	7.96	9.31	23.5	26.3	28.8	29.6	32.0	34.3
17	5.70	6.41	7.26	7.56	8.67	10.1	24.8	27.6	30.2	31.0	33.4	35.7
18	6.26	7.01	7.91	8.23	9.39	10.9	26.0	28.9	31.5	32.3	34.8	37.2
19	6.84	7.63	8.57	8.91	10.1	11.7	27.2	30.1	32.9	33.7	36.2	38.6
20	7.43	8.26	9.24	9.59	10.9	12.4	28.4	31.4	34.2	35.0	37.6	40.0
21	8.03	8.90	9.92	10.3	11.6	13.2	29.6	32.7	35.5	36.3	38.9	41.4
22	8.64	9.54	10.6	11.0	12.3	14.0	30.8	33.9	36.8	37.7	40.3	42.8
23	9.26	10.2	11.3	11.7	13.1	14.8	32.0	35.2	38.1	39.0	41.6	44.2
24	9.89	10.9	12.0	12.4	13.8	15.7	33.2	36.4	39.4	40.3	43.0	45.6
25	10.5	11.5	12.7	13.1	14.6	16.5	34.4	37.7	40.6	41.6	44.3	46.9
26	11.2	12.2	13.4	13.8	15.4	17.3	35.6	38.9	41.9	42.9	45.6	48.3
27	11.8	12.9	14.1	14.6	16.2	18.1	36.7	40.1	43.2	44.1	47.0	49.6
28	12.5	13.6	14.8	15.3	16.9	18.9	37.9	41.3	44.5	45.4	48.3	51.0
29	13.1	14.3	15.6	16.0	17.7	19.8	39.1	42.6	45.7	46.7	49.6	52.3
30	13.8	15.0	16.3	16.8	18.5	20.6	40.3	43.8	47.0	48.0	50.9	53.7

参 考 文 献

[1] 陈家鼎,郑忠国.概率与统计[M].北京:北京大学出版社,2007.
[2] 黄清龙,阮宏顺.概率论与数理统计[M].北京:北京大学出版社,2005.
[3] 熊大国.新概率论:自然公理系统中的概率论[M].北京:科学出版社,2016.
[4] 同济大学数学系.概率论与数理统计[M].北京:人民邮电出版社,2017.
[5] 廖飞,崔小红,刘海明.概率论与数理统计[M].北京:清华大学出版社,2013.
[6] 盛骤,谢式千,潘承毅.概率论与数理统计[M].4版.北京:高等教育出版社,2008.
[7] 沈恒范.概率论与数理统计教程[M].5版.北京:高等教育出版社,2017.
[8] 吴赣昌.概率论与数理统计[M].5版.北京:中国人民大学出版社,2017.
[9] 何书元.概率论[M].北京:北京大学出版社,2006.
[10] 郭满才,徐钊.概率论与数理统计[M].北京:高等教育出版社,2012.
[11] 张双林,马维军,郝立柱,等.概率论与数理统计[M].北京:科学出版社,2007.
[12] 杨亚非.概率与数理统计基础[M].北京:北京工业大学出版社,2003.
[13] 杨永发.概率论与数理统计教程[M].2版.天津:南开大学出版社,2005.
[14] 贾俊平,何晓群,金勇进.统计学[M].3版.北京:中国人民大学出版社,2007.
[15] 李延忠,孙艳,成丽波,等.概率论与数理统计[M].北京:高等教育出版社,2011.
[16] 李昌兴,张素梅,林榿嵌,等.概率论与数理统计及其应用[M].北京:人民邮电出版社,2012.
[17] 郭跃华.概率论与数理统计[M].北京:教育科学出版社,2007.
[18] 上海财经大学数学系.概率论与数理统计[M].上海:上海财经大学出版社,2007.
[19] 李梦如.概率论与数理统计[M].郑州:郑州大学出版社,2007.
[20] 龚冬宝.概率论与数理统计典型题[M].西安:西安交通大学出版社,2000.
[21] 复旦大学.概率论[M].北京:人民教育出版社,1999.
[22] 唐国兴.高等数学[M].武汉:武汉大学出版社,1991.
[23] 吴传生.经济数学——概率论与数理统计[M].2版.北京:高等教育出版社,2009.
[24] 杨荣,郑文瑞.概率论与数理统计[M].2版.北京:清华大学出版社,2014.
[25] 茆诗松,周纪芗.概率论与数理统计[M].3版.北京:中国统计出版社,2007.
[26] 杨振明.概率论[M].2版.北京:科学出版社,2008.